新型职业农民培育工程通用教材

茶叶规模生产与经营管理

◎ 郑旭芝　王碧林　主编

中国农业科学技术出版社

图书在版编目（CIP）数据

茶叶规模生产与经营管理 / 郑旭芝，王碧林主编 .—北京：中国农业科学技术出版社，2017. 6（2021.12重印）

新型职业农民培育工程通用教材

ISBN 978-7-5116-3064-3

Ⅰ. ①茶…　Ⅱ. ①郑…②王…　Ⅲ. ①茶树-栽培技术-技术培训-教材②茶叶-加工工业-经营管理-技术培训-教材

Ⅳ. ①S571. 1②F724. 782

中国版本图书馆 CIP 数据核字（2017）第 09621 号

责任编辑　徐　毅
责任校对　贾海霞

出 版 者　中国农业科学技术出版社
北京市中关村南大街 12 号　邮编：100081
电　　话　(010)82106631(编辑室)　(010)82109702(发行部)
(010)82109709(读者服务部)
传　　真　(010)82106631
网　　址　http://www.castp.cn
经 销 者　各地新华书店
印 刷 者　北京建宏印刷有限公司
开　　本　850mm×1168mm　1/32
印　　张　6. 75
字　　数　150 千字
版　　次　2017 年 6 月第 1 版　2021 年12月第 4 次印刷
定　　价　26. 00 元

《茶叶规模生产与经营管理》

编　委　会

主　编：郑旭芝　王碧林

副主编：陈云霞　王晓静　姚福军

编　委：孙曙荣　林晓华　吴碎典

内容简介

本书共7章，包括现代茶叶生产概况、茶叶规模生产茶园开垦和种植管理、茶叶规模生产茶园管理、茶叶规模生产采收管理、茶叶规模生产加工管理、茶叶规模生产包装与贮藏、茶叶规模生产成本核算与产品销售。具有内容丰富、语言通俗、科学实用、图文并茂等特色。本书可作为生产经营型职业农民培训与农业技术人员培训教材，也可作为相关专业的教师、农技推广人员、工程技术人员的参考用书。

前　言

中国是茶树的原产地，是世界上发现和利用茶树最早的国家。新中国成立以来，特别是改革开放以来，茶叶产业得到了迅速发展。近年来，茶叶生产经营逐渐朝着专业化、标准化、规模化和机械化的生产方式发展。为了适应现代茶叶发展要求，帮助新型职业农民提高茶叶高产、优质、高效、安全生产的经营技能，特编写本书。

本书依据《生产经营型职业农民培训规范（茶叶生产）》的基本要求，坚持方便农民、贴近生产和实际实用实效的原则进行编写。全书共7章，包括现代茶叶生产概况、茶叶规模生产茶园开垦和种植管理、茶叶规模生产茶园管理、茶叶规模生产采收管理、茶叶规模生产加工管理、茶叶规模生产包装与贮藏、茶叶规模生产成本核算与产品销售。

在编排结构上，尽可能由浅入深，以适应农民学习规律的特点；在内容选取上，尽可能体现当前最新的实用知识与生产技术；在表达方式上，尽可能采用通俗易懂的语言，以适应农民朋友的文化水平。

由于编写时间和水平有限，书中难免存在不足之处，恳请读者朋友提出宝贵意见，以便及时修订。

编　者

2017年3月

目　录

第一章　现代茶叶生产概况 ……………………………………（1）
第一节　茶树的形态和生育特征 …………………………（1）
第二节　当前茶叶生产情况 ……………………………………（10）
第三节　茶叶的生产发展方向 ………………………………（13）
第二章　茶叶规模生产茶园开垦和种植管理 ……………（16）
第一节　园地开垦 …………………………………………………（16）
第二节　茶树品种选择 …………………………………………（20）
第三节　茶树扦插育苗 …………………………………………（24）
第四节　茶树种植 …………………………………………………（31）
第三章　茶叶规模生产茶园管理 ……………………………（35）
第一节　茶树修剪与树冠培养 ………………………………（35）
第二节　茶园耕作与科学施肥 ………………………………（42）
第三节　病虫害识别与防治 …………………………………（49）
第四节　茶树抗冻和抗旱栽培管理 ………………………（89）
第五节　低产茶园改造 …………………………………………（93）
第四章　茶叶规模生产采收管理 ……………………………（97）
第一节　采摘标准与适制茶类 ………………………………（97）
第二节　手工采摘 ………………………………………………（100）
第三节　机械采摘 ………………………………………………（106）
第四节　鲜叶验收与贮运 ……………………………………（110）
第五章　茶叶规模生产加工管理 …………………………（114）
第一节　茶叶的命名与分类 …………………………………（114）

第二节　茶叶加工厂基本要求与设备 …………………（118）
第三节　绿茶加工 …………………………………………（121）
第四节　红茶加工 …………………………………………（140）
第五节　乌龙茶加工 ………………………………………（148）
第六节　其他茶加工 ………………………………………（162）
第六章　茶叶规模生产包装与贮藏 ……………………（165）
第一节　茶叶包装 …………………………………………（165）
第二节　茶叶常温贮藏 ……………………………………（169）
第三节　茶叶冷库贮藏 ……………………………………（170）
第七章　茶叶规模生产成本核算与产品销售 …………（173）
第一节　茶叶产业政策与生产补贴 ………………………（173）
第二节　市场信息与生产决策 ……………………………（188）
第三节　成本分析与控制 …………………………………（192）
第四节　产品价格与销售 …………………………………（197）
参考文献 …………………………………………………（205）

第一章　现代茶叶生产概况

第一节　茶树的形态和生育特征

一、茶树的形态特征

茶树由根、茎、叶、芽、花、果实和种子等器官组成（图 1-1)。其中，根、茎、叶执行着养料及水分的吸收、运输、转化、合成和贮存等功能，称为营养器官；花、果实及种子完成开花结果至种子成熟的全部生殖过程，称为繁殖器官。这些器官有机地结合为一个整体，共同完成茶树的新陈代谢及生长发育过程。

1. 根

茶树的根系由主根、侧根和须根构成（图 1-2)。

主根是由种子的胚根垂直向下生长的根。可伸入地下 2~3m，甚至更深，但一般为 1m 左右。侧根是指在主根上着生的根。侧根分布面很广，壮年时期侧根分布深达 60~80cm。主根和侧根粗长呈红棕色，寿命长，起固定、输导、贮藏等作用。须根是指主根和侧根上着生的细小根。须根细短呈白色，一般寿命较短，不断死亡更新，未死亡的则逐渐发育成侧根。

根除了主根、侧根外，还有一类根可以茎、叶、老根上生出，这种根叫不定根（相对地把主根和侧根叫定根)，如用扦插、压条等无性繁殖的茶树所形成的根。

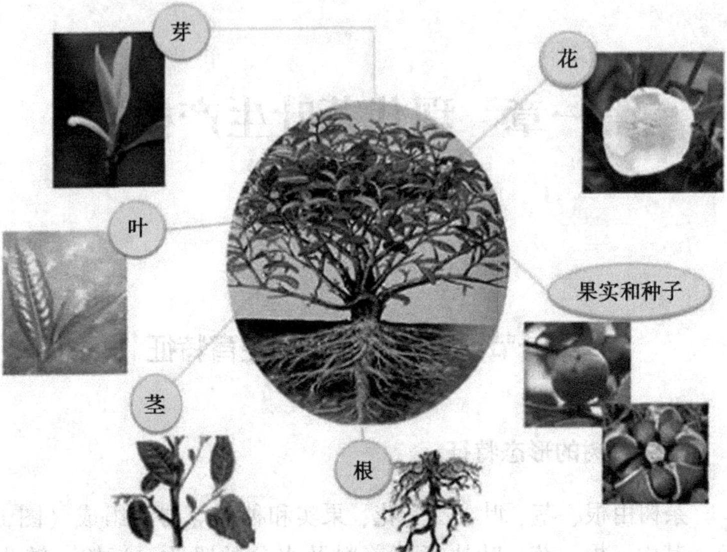

图 1-1　茶树器官

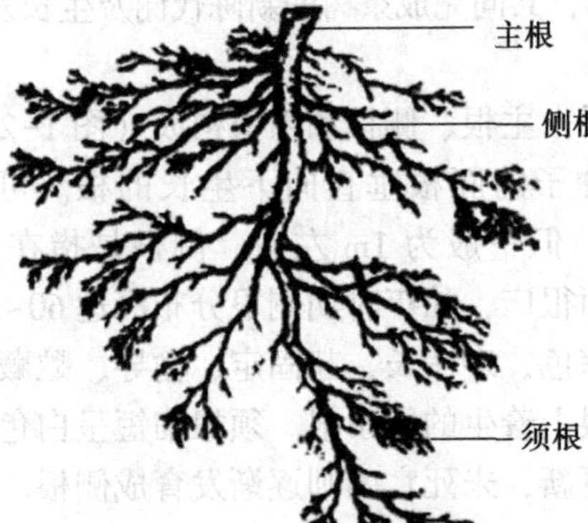

图 1-2　茶树根系示意图

2. 茎

茎是指着生叶片的枝条。根据分技部位不同，从下至上分为主干枝、主轴、骨干枝和生产枝。主干枝是分枝以下的部位，主轴是分枝以上的部位，骨干枝是主轴上的分生枝，生产枝是着生新梢的枝条。

着生叶片的茎称为枝条，而未木质化的嫩枝称为新梢，茶树枝条根据木质化程度的不同形态和颜色也发生很大变化，有经验的茶叶专家和制茶师傅们会根据这些差异，判断茶叶枝条的生长年份。

3. 叶

叶是茶树进行光合作用、蒸腾作用及气体交换的主要器官，也是茶树利用的主体对象。叶分为叶柄和叶片两部分。茶树叶片的形态特征易受各种因素影响，但就同一品种（特别是无性系品种）而言，叶片的形态特征还是较一致的。因此，在生产上，叶片大小、色泽以及叶片着生状态等，是鉴别品种和确定栽培技术的重要依据之一。

在实际生产中，为了区别栽培茶叶品种，人们根据定型叶（新梢基部以上第二、第三叶位）的叶面积，将叶片大小分为特大叶种（叶面积大于 $60cm^2$）、大叶种（叶面积在 $40\sim60cm^2$ 范围）、中叶种（叶面积在 $20\sim40cm^2$ 范围）以及小叶种（叶面积小于 $20cm^2$）（图 1-3）。

一般大叶种叶大柔软，叶面的革质层也比较薄，海绵组织细胞较小叶种多，制成的茶味道浓烈，更经久耐泡，适制普洱茶、红茶等。小叶种叶片小而脆硬，叶面的革质层较厚，抗逆性好，可以制出高香的茶叶，如祁门红茶等。

4. 芽

芽是茶树枝、叶、花的原始体。

一般茶芽按照不同性质可分为很多种。按形成季节，可分为

特大叶种　大叶种　中叶种　小叶种

图 1-3　叶片类型

冬芽和夏芽。按芽的性质，可分叶芽和花芽。叶芽展开后形成的枝叶称新梢。按其着生的位置，分为定芽和不定芽。定芽又分顶芽和腋芽。通常每一叶腋处只生一个，也有两个或几个芽同生在一个叶腋内。茶树的根、根茎和茎上都可以产生不定芽，这部分芽的萌发是茶树更新复壮的基础。按芽的生理状态，可分为休眠芽、活动芽和休止芽。休眠芽多在秋季形成，处于休眠状态，外有 3~5 枚富有蜡质的鳞片包围，以抵御不良的环境条件。在冬季温暖的茶区，一般无休眠芽形成，只有活动芽和休止芽之分。

5. 花

茶树的花为两性花，由花芽发育而成，属于异花授粉的植物。花芽于每年的 6 月中旬形成，10—11 月为盛花期，花一般为白色，少数为淡黄色和粉红色。花冠 5 ~ 9 片，发育不一致，分两层排列。

茶花授精发育后，直到第二年霜降前后，果实方才成熟，所以，花芽分化到种子成熟，时间约 15 个月。在一个年周期里，每年从 5—11 月，人们可以在同一株茶树上，既能看到当年的花和蕾，又能见到上年的果实和种子，这就是茶树“带子怀胎”现象，是茶树的重要特征之一。

茶树开花的早迟因品种和环境条件而异，小叶种开花早，大叶种开花迟；当年冷空气来临早，开花也提早；另外，短日照亦能促进茶树提早开花。

6. 果实和种子

茶树挂果实为蒴果，外形光滑，形状随种子数不同而异。如圆形、半圆形、梅花形等，未成熟的果实呈绿色，成熟后表皮呈棕绿或绿褐色。成熟后果皮背裂，种子自行脱落。

果实由果壳和种子组成。种皮坚硬，棕褐色，种仁肥厚乳白色。种子由外种皮和内种皮组成。

二、茶树的总发育周期

茶树的总发育周期是指从种子萌发开始，一直到衰老死亡止的整个生命时期。按茶树的生长发育特点，可分为幼苗期、幼年期、青年期、壮年期和衰老期。

1. 幼苗期

从茶籽播种到第一次生长相对休止，幼叶展开3~5叶，顶芽形成驻芽，称为幼苗期，一般历时4~5个月。又分前后2个阶段。前一阶段主要是茶籽萌发过程。茶籽经吸胀后，种壳破裂，胚根最先向下伸展，而后是胚芽萌发。此时，胚根生长快于胚芽生长，当胚芽出土时，胚根的长度约占幼苗全株长度的3/4。

在这段时期，茶苗尚未形成真叶，光合作用微弱，营养主要由子叶贮藏的养料供给。由幼苗的第一片真叶展开到顶芽第一次形成驻芽，为茶树幼苗期的后一阶段。其形态特征是，地上部直立向上，无分枝，叶片比一般真叶小，叶形近似卵圆形，叶尖不明显，品种间叶形差异不显着。根系垂直向下，主根明显，吸收根发达，形态呈倒三角形。后期的营养，一方面仍靠子叶供给，同时，真叶已能制造养分，为双重营养时期。

农业技术要点：保持土壤疏松湿润，使茶籽萌发时能获得充分的空气和水分，创造良好的发芽条件；茶苗出土后，叶片角质层薄，根、茎、叶都细弱，吸收和同化面积小，抗御逆境能力弱，不耐强光，应注意遮阴，加强清除杂草，确保全苗壮苗。

2. 幼年期

茶树从第一次生长相对休止，到第一次开花之前称为幼年期，一般历时 3~4 年，是茶树生理机能活跃时期。

自然生长的茶树第一年主轴没有分枝，第二年有 1 级或 2 级分枝，第三年有 3 级分枝，主轴明显，分枝细弱。乔木型、灌木型茶树的幼年期均保持了乔木型的树冠特征。幼年茶树营养生长旺盛，花蕾少，落花落果多，4 年生的幼年茶树基本上不结实或结实不多。幼年茶树最初的根为直根系，主根明显，并向土层深处扩展，侧根很少。以后侧根逐渐发达，向深处和四周扩展，但仍可看出明显的主根。

农业技术要点：以培养健壮的树冠骨架为主，进行系统的定型修剪，抑制主轴生长，促使侧枝生长粗壮，培养一级、二级的骨干枝。加强土壤管理，使茶树形成分布深广的根系。

3. 青年期

茶树第一次开花到形成树冠，这个阶段为青年期，一般历时 3~4 年。

其生长特征为主轴顶端生长逐渐减弱，侧枝生长相对加强，骨干枝分枝增多，树冠层变密，到 7~8 龄时，自然生长茶树一般已有 8~9 级分枝。在修剪情况下可达 11~12 级分枝，最多的可达 12~14 级分枝。树冠覆盖度增大，分枝向四周披张成茂密的树冠和开张的树姿。此时，地下部主根随着树龄增长而不断分生，形成具有多级侧根的深根根系。期间，茶树开始向旺盛开花结果发展，茶叶产量迅速增加，茶树的形态建成，由单轴分枝发展为合轴分枝，由直根系发展为分枝根系类型，由营养生长为主转向营养生长和生殖生长同时进行。

农业技术要点：应以建立宽阔的树冠和强大的根系为主，需在定型修剪的基础上继续进行多次轻修剪，进行合理采摘，抑制顶端优势，逐步提高茶树树冠的高幅度，促使枝叶均匀茂密。

4. 壮年期

茶树树冠定型后，到第一次自然更新，这个阶段称为茶树壮年期。一般为期15~20年，如果栽培管理得好，可以持续更长时间。

壮年期茶树营养生长极为旺盛，开花结果达到高峰。茶树对肥、水、光、热等条件的要求迫切。其生长特点：新梢生长渐向外侧发展，经多次剪、采，丛面生产枝越分越细密，中间部位枝叶郁闭，后期出现许多鸡爪枝，妨碍物质的运输，削弱枝条的再萌发能力，致使树冠下部粗壮的枝条或根茎部萌发新枝，促进侧枝更新，同时，丛间小枝出现自下而上的老化干枯，呈现自疏现象，在茶树根茎部萌发出许多根蘖，使树枝开始出现了自然更新现象。壮年期茶树的地下部为明显的分枝根系，其分布的幅度超过地上部。随着树龄的增长，根系发生一系列更新过程。壮年期茶树营养生长和生殖生长都达到了旺期，两者间产生矛盾。生产上可通过各种措施加以调控，以达到增加茶叶产量（或茶籽产量）的目的。

农业技术要点：加强肥培管理，增施氮肥，保持树冠有足够的绿色面，促使树势生长旺盛，进行轻修剪与深修剪，促进生产枝更新，防止病虫害的发生，注意保护根茎部萌发新枝，以促进树冠更新。尽量延长茶叶高产、稳产、优质的持续年限，最大限度地提高经济效益。

5. 衰老期

茶树从第一次自然更新直到死亡为止，称为衰老期，一般在数十年至百年以上。

这一时期突出的特征是以根茎部为中心的更新复壮出现向心生长趋势。骨干枝逐渐衰老或干枯，基部根蘖萌发，出现侧枝更新。地下部出现末梢根大量衰亡，并波及骨干根，同时，根茎部陆续形成不定根群，以担负茶树的吸收功能。随着树势衰老，光合、呼吸作用减弱，生机衰退，落花落蕾增多，茶籽结实率随之下降。经自然或人为更新，仍可复壮，构成新的树冠。经过一定年限或人为的多次剪、采，再次衰老，则进行再次更新。如此往复循环，经多次更新后，复壮强度锐减，新的枝条越来越少，每次复壮的时间间隔愈来愈短，直至茶树失去更新能力，全株死亡。

农业技术要点：进行重修剪或台刈，促进茶树更新；在施氮肥的基础上，增加磷、钾肥比重，使枝干和根系生长粗壮，延长更新年限；加强树冠护理，防止病虫害发生，使茶树发挥最大的增产潜力。当茶树日趋衰老，再经修剪等其他措施也无法提高产量，失去经济栽培价值时，即应挖除，换种改植。

三、茶树的年发育周期

茶树的年发育周期是指在一年中，从营养芽的萌发、生长、休眠以及开花、结实一系列生长发育过程。茶树在年生育周期中的系列变化，是树体内物质代谢过程的外在表现。

1. 根系的生长发育

茶树根系生长在一年内不是均衡的。在不同的时期，生长势有强弱之分，生长量有大小之别。在我国四季分明的长江流域，根的活动一年内有 3 次生长高峰：第一次生长高峰，当春季土温达到 10℃以上时，根即迅速生长，3—4 月是根系生长高峰，这次发根主要靠上年贮藏的养分，以后随着新梢萌发生长，根的生长转入缓慢。第二次生长高峰，从春梢停止生长开始，叶子制造的营养物质转入根系，因此，6—7 月又促进了根系的生长。随着夏梢展开，花芽大量分化，地上部消耗的养分增多，根的生长又转入缓慢。第三次生长高峰，于 9—11 月茶季将近结束，叶子制造养分下运积累，根系得到的养分相对增加，所以，根系生长最旺，为一年中的最高峰。随着地温下降，根的生长越来越弱。

2. 新梢的生长生育

茶树新梢在年周期中表现有明显的轮性生长特点，中国大部分茶区全年有 3 次生长和休止，即：越冬芽萌发→第一次生长（春梢，3 月下旬至 5 月上旬）→休止→第二次生长（夏梢，6 月上旬至 7 月上旬）→休止→第三次生长（秋梢，7 月中旬至 10 月上旬）→休眠。

3. 叶片的生长生育

新梢上的叶片是由叶原基发育而成，生长过程中，有 3 次明显的伸展活动，每次由内折到反卷，第二次由反卷到平展，第三次定型。

4. 花果的生长发育

花果的生长发育在年生育周期内有一定季节性变化，表现为大部分茶区 6 月开始出现花芽分化，持续分化至 11 月，9 月中、下旬开始开花，10—11 月进入盛花期，至 12 月为终花期（个别茶区始花期在 9—12 月，盛花期在 12 至翌年 1 月）。从花芽分化到茶籽成熟一般约需 18 个月。6—12 月既是当年茶花孕蕾、开花和授粉的时期，又是上一年幼果发育成熟时期。

5. 茶树的休眠

在赤道或靠近赤道地区，茶树在一年内的月产量分配比较均衡。但在远离赤道四季分明的地区，茶树在冬季进入休眠状态，一般说来，休眠的时间随着纬度增加而增加。

茶树的休眠有 2 种：一种是新梢轮次之间的自然休眠（或休止），持续几天或几周，并自行解除，开始下一轮次生长；另一种是被迫休眠，由于外界温度条件等不能满足茶芽生长的要求而形成的，持续时间长短不一。

第二节　当前茶叶生产情况

一、我国主要茶区

我国是茶叶的原产国，目前主要有四大茶区。

1. 江北茶区

江北茶区位于长江中下游北部，是我国最北茶区，属茶树生态次适宜区。包括甘南、陕南、鄂北、皖北、苏北、鲁东。茶树品种多为灌木类中小叶种，如紫阳种、信阳种等，抗寒性较强。全区生产绿茶，有炒青、烘青、晒青等。名茶有六安瓜片、信阳毛尖等，其品质香气鲜爽，滋味醇厚。

2. 江南茶区

江南茶区位于长江中下游南部，属于茶树生态适宜区。包括浙江、湖南、江西等省和皖南、苏南、鄂南、粤北、桂北及福建省大部，为中国茶叶主产区，占全国茶叶总产量的2/3。区内茶树种质资源丰富，茶树品种主要有灌木类品种，小乔木类也有分布。生产的茶类有绿茶、红茶、乌龙茶、白茶、黑茶以及各种特种名茶和花茶，是全国重点绿茶产区。这里生产的名茶种类繁多，品名达几百个之多。其中，最著名的有西湖龙井、洞庭碧螺春、黄山毛峰、太平猴魁、武夷岩茶、庐山云雾、君山银针等，在国内外享有很高声誉。

3. 西南茶区

西南茶区位于中国的西南部，属茶树生态适宜区，是我国最古老的茶区。包括贵州、四川、重庆等省市以及云南省中北部和西藏自治区的东南部。本区茶类众多，有红茶、绿茶、黄茶、边销茶、沱茶、花茶等。名茶的花色品种独具风格，深受国内外消费者喜爱。有蒙顶黄芽、都匀毛尖、昆明十里香等。区内茶树品种资源十分丰富，既有小乔木、灌木类品种，也有乔木类品种。

4. 华南茶区

位于中国南部地区，属茶树生态最适宜区。包括福建省、广东省的中南部、广西壮族自治区的南部、云南省南部及海南省、中国台湾省等地。茶树品种资源比较丰富，部分区域至今还生存着野生大茶树，常与其他常绿阔叶树种混生。栽培品种主要为乔木类大叶种，区内大叶种到处可以种植，小乔木和灌木类中、小叶种也有分布。由于生态条件适宜，不仅可速生高产，而且品质优异，最适宜发展红碎茶。生产的茶类有红茶、普洱茶、乌龙茶、六堡茶，还有铁观音、凤凰单枞等名茶。

二、我国茶叶生产主要特点

1. 区域分布明显，茶区快速发展

我国红茶区主要在广东、云南等省；乌龙茶区主要在福建省；花茶区主要在福建、广西、湖南等省区；名优茶区主要有浙江、湖南、四川、安徽等省。特色茶产区已经成为我国茶叶发展的新亮点，如新昌的龙井产区，平江的银针产区，安溪的乌龙茶区，云南的普洱茶区等。由于我国农业综合开发的实施及各地大力调整农业及农村经济结构，新型茶区正在快速发展，如山东省日照茶区、陕西省午子茶区及湖南、云南、广西壮族自治区、重庆等省区的新茶区就是这几年新发展起来的。

2. 生产主体以茶农为主，生产方式各有侧重

传统的生产方式、加工方式是我国茶叶生产的基本特点，我国茶叶生产主体主要有：一家一户的茶农；茶商或茶叶大户；委托加工基地；有一定生产规模的茶场。我国茶叶一直沿袭着传统的生产方式，主要特点是：中高档茶、名优茶以手工为主；中低档茶、大众茶以机制为主。

3. 产品结构变化加快，新品成为新的增长点

现在茶叶市场趋势表现在：普通红茶、中低档红茶销售量继续下降，高档红茶有一定市场。花茶在经历了长足发展后总量正在减少。绿茶快速增长，绿茶中，名优茶发展快。乌龙茶快速发展，保健茶生产增长，市场稳定。普洱茶成为市场新宠。传统茶叶创新速度加快，茶产品结构正在朝优质、有机、特色、价廉方向发展，总体结构不断优化。

4. 电子商务规模快速增长，线上竞争愈益激烈

据国家茶叶产业技术体系产业经济研究室调研，有64.4%的茶叶企业开展了茶叶电子商务，天猫、淘宝等平台茶叶销售交易快速提升，互联网对茶叶的作用更加重要。

三、我国茶产业发展存在问题

尽管当前我国茶叶生产良好，但也存在一些问题，主要表现如下。

1. 经营企业数量多，龙头企业少

茶树种植以农户为主体，平均每户仅1亩（1亩=667m^2，下同）左右，能制茶或开个茶庄就算一个企业。全国仅加工茶叶的茶厂就有6.7万家，平均每个茶厂年加工茶叶仅15t。加工企业由于规模小，导致设备落后、技术水平低、产品质量不稳定。经营企业中由于缺乏龙头企业和知名品牌。没有知名品牌，出口茶叶只能以原料茶为主，受制于人，难以开拓市场。

2. 管理水平低，制约了企业发展

由于我国茶叶经营以家庭经营为主，经营者普遍对管理重视不够，管理人员基本上没有受过专业管理培训，家族管理盛行，对现代企业管理制度接受程度不高，很难适应市场经济的激烈竞争，现有企业潜力难以发挥。

3. 茶叶科技研发与推广问题

茶叶科技虽有进步，但茶树新品种选育与推广步伐迟缓；新茶园建设重复低水平建设还存在；茶园耕作采摘机械、茶叶生产加工机械虽有一定进展，但有的技术与配套还不太成熟，在生产中还不太管用，不能体现效果，因此，推广受到了制约，特别是深刻认识智能化带来变革前景；夏秋茶品质提高与开发利用，茶叶产品开发多样化和功能化，精深加工，提升茶叶附加值，延伸产业链，也是解决茶叶困境的一条出路。

4. 茶叶质量安全意识需要进一步提高

虽然人们认识茶叶质量安全生产的重要性，但执行起来更多地在口头上，实际行动往往更多强调客观原因，不从主要个人来找办法，表现在使用农药悄悄地进行，遇到农残检测超标强调别的不是，实际上用现代科学仪器是可以分析出来，茶叶的农药残留、重金属和稀土元素是否超标、非法添加色素等已成为社会热点问题。不注重清洁化生产在有的茶企还存在，特别是小茶企表现更为突出，有的企业生产过程卫生标准掌握不严，没有认识到茶也是食品，食品第一要务是要清洁、卫生、安全。

第三节　茶叶的生产发展方向

茶产业的发展以市场为向导，以科技为支撑，茶树栽培既是茶叶产业高产、优质、高效益的关键环节，又是茶叶研究和生产的薄弱环节。未来茶叶生产有以下几个发展方向。

一、大量运用新技术

随着科学技术的不断发展，在茶树栽培及茶园管理中大量运用新技术已经成为必然发展趋势。

1. 生物技术的应用

为了不断创新培育新品种，充分利用特异茶树品种资源，生物技术必将在茶树育种的过程中发挥重要作用。

2. 施肥新技术的应用

施肥新技术主要包括化肥施用量最小化技术、肥料缓释技术、土壤改良技术及早期成园技术等。

3. 机械化生产技术的应用

茶园管理的机械化运作功能会更加齐全，对茶树修剪、施肥，茶叶采摘、运输及茶园耕作均实施机械化管理。

4. 信息技术的应用

为了提高茶园管理效果，应将地理信息技术、全球定位技术、遥感技术等信息技术应用其中，为实时监测茶园产量分布、农机管理、病虫害防治、灌溉用水状况及提供气象预测、作业导航服务，奠定技术支撑。

二、建立茶园循环农业模式

在茶园管理中构建循环农业模式，可以将茶叶生产系统内部的能源转化和物质循环，通过高新技术的作用使其成为良性循环、生态合理的农业生产系统，从而实现经济效益、环境效益和社会效益的同步增长。一是要在茶园管理系统中重点建设清洁生产系统，实施绿色管理技术，努力减少物质和能量的投入量；二是延伸茶叶产业链，使单一的茶叶产生系统转变为兼具多项产业的生产体系；三是以茶业为中心，建设循环农业示范区，从而将茶业生产过程中所排放的废弃物能够转化为其他农业生产系统中所需要的能量。

三、大力发展有机茶园茶园管理技术

由于有机茶具备良好的经济、社会和生态效益，所以在未来的茶叶发展中有机茶必然会成为新的增长点。而有机茶园管理技术的不断完善和创新是大力发展有机茶的基础。发展有机茶园管理技术应从以下几个方面做起。其一，充分发挥龙头企业的领军作用，优化茶园生产布局，积极推广，联合科研、生产，扩大有机茶生产规模；其二，为了促进有机茶业的健康发展，应加大科技投入，解决茶园无公害防治、制作工艺改良、专业肥料开发及储运条件改善等问题；其三，构建茶园管理体系，通过建立健全质量监控体系、质量标准体系、市场流通管理体系等，使有机茶的整个产销过程都处于严格的管理约束之下，确保产品符合有机标准。

第二章　茶叶规模生产茶园开垦和种植管理

第一节　园地开垦

一、茶树生长环境

茶树的生长发育与外界环境条件有着密切的关系，所谓环境条件是指茶树有机体的代谢作用直接或间接地发生影响的生态条件。主要指气候条件，土壤条件及地形条件。这 3 个条件也是选择茶园地址时，应重点考虑的方面。

1. 气候条件

（1）气温。当昼夜平均气温稳定在 10℃以上茶芽开始萌动逐渐伸展。生长季节，月平均气温应在 18℃以上为宜，最适气温 20~27℃。生长适宜的年有效积温在 4 000℃以上。如果当平均气温高于 35℃持续数日，又伴有旱情，枝梢呈枯萎状。

（2）光照。光照对于茶树的影响，主要是光的强度和性质，茶树有耐阴的特性，喜弱光照射和漫射光。从叶绿素的吸收光谱分析，光波较短的蓝紫光部分最多，而漫射光主要是波长较短的蓝紫光。所以，茶树在漫射光条件下生长好是有依据的。

（3）雨量和湿度。茶树适宜的降雨量在年平均 1 000~2 000 mm，生长季节的月降雨量在 100mm 以上，相对湿度一般以 80%~90%为佳。土壤相对含水量以 70%~80%为宜。这样的雨量和湿度最适宜茶树生长。

2. 土壤条件

红壤、黄壤、沙壤土、棕色森林土，均适宜茶树生长，土壤结构要求保水性，通水性良好。上层深度1m以内没有硬盘层，土壤要求呈酸性反应，pH值4.5~6.5（4.5~5.5最适宜），茶树是嫌钙植物，石灰质含量0.2%以下，地下水位在地表1m以下。酸性土壤之所以特别宜于种茶，首先是酸性土壤为茶树提供了自身生长的适宜条件，茶树根部汁液含有多种有机酸，对土壤给予茶树共生的根菌提供了理想的共生环境，从而改善了茶树的营养与水分条件。

3. 地形条件

坡度小于30°，海拔1 500m以下。我国名茶大多产于高山大川。“高山出好茶”的根据除了高山多云雾外，因温差大，漫射光多，日照时间短，湿度大，芽叶持嫩性较强，有利于提高茶叶香气，有好的滋味和嫩度。但这也是各种环境因素综合影响的结果，并不是山越高越好，事实上平地也有产好茶的。

二、茶园规划

选择好适宜种茶的土壤、地形，在开垦前，还应做好茶园规划设计。茶园规划设计的主要内容包括土地规划、道路网、排灌系统及防护林的设置等。总的要求是，按照所选地块的地形、地势、土壤、水源及林地的分布情况，对茶、林、沟渠、道路等统筹规划、合理布局，做到有利于水土保持，成园后生态环境良好；便于茶园管理，适应机械化生产的需求。

1. 土地规划

为便于操作、管理，园地划分为若干个片、块，若园地面积较大或地形、地貌较为复杂时，根据具体情况，合理划分为若干个作业区，作业区进一步划分为片、块。

2. 道路网设置

园地设路用于运输和茶园管理的干道、支道和步道，相互连接成道路网。干道是连接各作业区、茶厂和园外公路的主道，路面宽4~5m。支道是划区片的分界线，用于交通运输，路面宽2.5~3m。步道是茶园地块和梯层间的道路。路面宽1~1.5m。梯式茶园每隔若干梯层设一横步道，每隔一定距离设一直步道。

3. 排灌系统设置

（1）隔离沟。茶园与森林或荒地交界处、茶园的边缘，设深0.50m、宽0.60m，沟壁为60°倾斜的隔离沟。

（2）排灌蓄水沟。平地茶园在步道两侧开沟，坡地茶园在直步道两侧和横步道内侧开沟，沟宽0.20~0.30m、深0.20m。横沟每隔3~5m挖一小水潭，以积蓄雨水。

（3）蓄水池。每1.5~2hm^2茶园建一容积为5~8m^3的蓄水池。一般设在纵沟及横沟的出口处。或设在排水不良的积水处。

4. 防护林设置

根据风向及地势在茶园周围、主要道路及沟渠两旁或山坡顶上种植防护林。

三、园地开垦

园地开垦是茶园建设质量高低的关键工程。主要内容是清除园地中的障碍物，整理地形，深翻土壤，为栽种茶苗以及茶树生长发育，创造良好的土壤环境和地形条件。我国多数茶区降雨较多，且暴雨发生次数也较多，园地开垦不当，将导致严重的水土冲刷，其后果不堪设想。

1. 全面清理园内障碍物

清理园内障碍物的方法，依各园地具体条件和障碍物的情况不同而有区别，通常采用的方法有人力、机械和爆炸或相互结合，达到提高工效，彻底清除的目的。清理时，对主道、沟渠两边、环园道、防护林带地段、园地边缘以及园内不宜种植茶树处的树木、残次林等必须保留。必须砍伐的树木，其留下的树蔸要连根清除。若遇坟墓，迁移时应将砖块、石灰砂浆等杂物清除出园，并在坟墓所处位置施入适量的硫黄粉，降低碱性，调节土壤pH值。清理中如发现白蚁巢穴，应注意捕杀蚁后，并用药物杀灭白蚁。清理地面障碍物，可同时修筑道路及进行茶地划区分片，这样，一方面便于垦殖期间人员机具来往，按片调整地形；另一方面也可以减少道路部分土地深翻的工作量。

2. 整理地形

缓坡、平地只需进行局部地形调整，便可垦殖建园；陡坡山地则要修筑梯田，梯田尽可能做到等高等宽，外埂内沟，梯梯接路，沟沟相通。梯级茶园能有效地拦泥蓄水，避免冲刷，是水土保持的重要措施。园地开垦时，是否修筑梯田，由于条件不同，要求并不完全一致。从各地经验看，一般在15°以上的土地应修筑梯田，10°以下的建成坡地茶园，而10°～15°的坡地则依据具体条件选择确定。例如，面积较大的茶园，使用机械操作等较为迫切，10°～15°的坡地仍以建成坡地茶园为好；而在坡面不完整、变化较大的地方，即使总的坡度较小，还是以建成梯级茶园比较适宜。

3. 深翻土壤

为防止水土流失，开垦时期以秋、冬少雨季节进行为宜。开垦深度应在50cm左右。如果是生荒地，种植前还需进行复垦，深度一般在25cm上下。平地的开垦比较简单，经过深翻平整，即可划行种茶。如果茶园面积较大，因时间仓促无法全面深翻时，可以采用带状深翻的方式，以后再分年深翻行间来解决这一问题。梯形茶园由于靠梯外边缘部分的填土都在0.5m以上，因此，仅需对梯土内侧深度不够0.5m的部位进行深翻即可。

第二节 茶树品种选择

选用适应当地茶区气候条件的国家级、省级无性系良种和其他优质、高产、经济性状好的品种。

一、茶树品种的类型

茶树是多年生常绿木本植物，我国茶树品种主要性状和特性的研究，并照顾到现行品种分类的习惯，一般将茶树品种按树型、叶片大小和发芽迟早 3 个主要性状进行分类。

1. 按树型分类

主要以自然生长情况下植株的高度和分枝习性而定，分为乔木型、小乔木型、灌木型（图 2-1）。

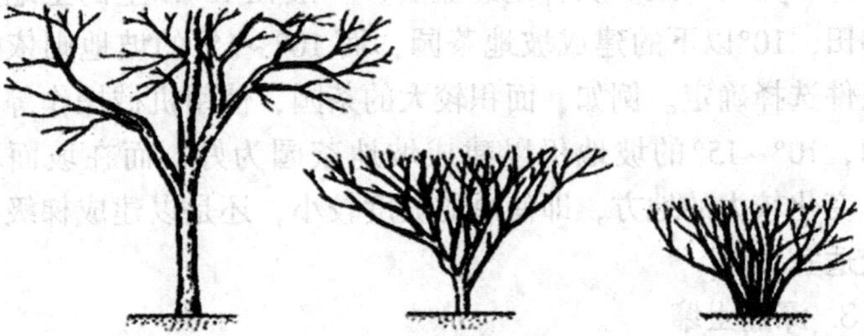

图 2-1 各种树型

(1) 乔木型。此类是较原始的茶树类型。分布于和茶树原产地自然条件较接近的自然区域，即我国热带或亚热带地区。植株高大，从植株基部到上部，均有明显的主干，呈总状分枝，分枝部位高，枝叶稀疏。叶片大，叶片长度的变异范围为 10～26cm，多数品种叶长在 14cm 以上。叶片栅栏组织概为一层。

（2）小乔木型。此类属进化类型。抗逆性较乔木类强，分布于亚热带或热带茶区。植株较高大，从植株基部至中部主干明显，植株上部主干则不明显。分枝较稀，大多数品种叶片长度以10~14cm，叶片栅栏组织多为2层。

（3）灌木型。此类亦属进化类型。包括的品种最多，主要分布于亚热带茶区，我国大多数茶区均有分布。植株低矮，无明显主干，从植株基部分枝，分枝密，叶片较小，叶片长度变异范围大。为2.2~14cm，大多数品种叶片长度茶树开花在10cm以下。叶片栅栏组织2~3层。

2. 按叶片大小分类

主要以成熟叶片长度，并兼顾其宽度而定，分为特大叶类、大叶类、中叶类和小叶类。

（1）特大叶类叶长在14cm以上，叶宽5cm以上。

（2）大叶类叶长10~14cm，叶宽4~5cm。

（3）中叶类叶长7~10cm，叶宽3~4cm

（4）小叶类叶长7cm以下，叶宽3cm以下。

3. 按发芽迟早分类

以头轮营养芽，即越冬营养芽开采期（即一芽3叶开展盛期）所需的活动积温而定，分为早芽种、中芽种和迟芽种。

（1）早芽种发芽期早，头茶开采期活动积温在400℃以下。

（2）中芽种发芽期中等，关茶开采期活动积温在400~500℃。

（3）迟芽种发芽期迟，关茶开采期活动积温在500℃以上。

二、优良品种的选择原则

茶树是饮料作物，商品性很强，因此，优良品种选育必须具备两个基本点：一是茶类的适制性；二是品质优良。

茶树品种选育的主要标准可概括为以下几点。

1. 早生优质

优质是良种选育的首要目标，其认定要综合考虑茶叶的色、香、味、形四项品质要素。例如，绿茶应细紧绿润，幽香持久，鲜浓回甘；红茶应乌润显毫，浓郁鲜甜，浓酽爽口；乌龙茶要乌润砂绿，馥郁如兰，鲜滑隽永。

在品质或综合性状较好的前提下，发芽或开采期比当地种提早10~15天，也可列入选择目标之内。

2. 高产

在正常管理措施下，苗期生长健旺，投产后（7~8年）品质达到或超过一般水平，亩产干茶达125kg以上，正式投产后亩产稳定在150kg以上。

3. 高抗

高抗指品种不仅综合性状比较优良，而且对低温冻害有一定抵御能力，或对当地某种危险性病虫具有高抗或近似免疫之性能。例如，对为害较普遍的小绿叶蝉、螨类、茶饼病、根结线虫病罹受率低的品种都可视为高抗品种。

4. 多用途

例如，茶叶中含量较多的次生代谢物质，其中，绿原酸有防癌作用（如大叶茶含量高达0.9%以上，中小叶茶一般不低于0.5%），有待开发；国外还比较重视茶叶咖啡因含量较低的茶树品种的选育，在保证品质因素的综合要求下，如果咖啡因含量不超过2.0%，就有突出的应用价值。

此外，随着机械采摘程度的提高，生产者对品种发芽的一致性、整齐度、持嫩性也必然有更高的要求。

三、优良品种的主要特点

选择良种，必须从各个方面考察茶树性状，包括茶树的叶片、芽叶以及其他相关特点。

1. 植株

茶树植株要高大，树冠广阔，树势健壮，分枝疏密适度，树姿呈半开展状。茶树高而树冠大，所构成的采摘面就大，个体的发芽数多；茶树分枝疏密适度，有利于叶片进行光合作用，芽叶生长肥重；树姿与树冠同分枝密度是相适应的。

节间较长、分枝角度较大是树冠枝条的另一优良标志。具有这样特征的，它的顶端优势强而木质化较慢，因此，持嫩性佳。但要注意的是，节间长的往往抗逆性弱，在旱季或严冬有脱叶现象。还有一种被称为“晒面茶”的类型，它的芽叶突出密生在树冠上层，也是一种丰产标志，通过修剪更容易显示其特性，有利于机械采茶。

2. 叶片

茶树叶片要大、长、尖、软，叶面隆起而富有光泽，叶色绿而鲜艳。芽叶肥重，产量高、品质好的品种一般叶片长大，品质低下的叶片则往往薄而担硬、叶色深暗。然而暗绿色叶的茶树，对低温的忍受较强，有利于抗寒。叶肥厚而柔软，叶色较浅而富光泽，叶面隆起而显波缘，表示植株活力充沛、育芽性强、适制性好，但是具有这样特征的品种大多经不起干旱、寒冻和病虫害的侵袭。

成茶的外形品质和叶片的形状有关，以外形著称的茶类，如条索美观的红、绿茶用长形的叶片加工比较容易。叶片形态还与某些化学成分有一定的相关性，例如，叶端尖长，单宁含量高；叶面特别隆起具有强光泽，咖啡因含量较多。

叶片的解剖特征，主要是测定海绵组织同栅状组织的比值，比值高则表明叶质柔软而内含物丰富。叶质硬、抗逆性强的标志是表皮细胞壁厚，栅状组织层次多，下表皮气孔小而密，海绵组织细胞紧列。

3. 芽叶

优良茶树品种发芽要早，芽壮而长，茸毛细密，呈绿色或黄绿色，育芽性强。芽头尖壮而不成蛀芽的，不“散条”称为“蕻子茶”，易成蛀芽的称为“鸡毛茶”。这除了与树势有关外，也与品种有关。嫩度好、品质佳的特征是嫩叶的芽头尖锐，背卷而茸毛丰富，古时称为“鹰爪”。

色泽不同，芽叶的化学成分含量也有不同，优良品种的茶单宁、水浸出物、咖啡因等化学成分含量一般较高。但由于不同茶类对化学成分要求有所不同，所以，不在选择上过于强调。

4. 花果

如果不是以采收种子为目的，则开花早、开花多和结实多的茶树通常都是低劣的类型。茶花、茶果的大小与茶叶的大小有正相关趋势，因此，选择茶叶品种，以大形花果为佳。

总体来说，优良茶树品种应具有发芽早、育芽多、树冠大、叶色绿、芽叶重、伸育快、制茶好、采摘期长、适应性强、新梢持嫩等性状特征。

第三节　茶树扦插育苗

茶树的繁殖包括有性繁殖和无性繁殖。有性繁殖主要是用茶籽播种的实生苗，在生产上很少用。无性繁殖是利用茶树的营养器官，在一定的外界环境条件下，采用扦插、嫁接、压条、分株等繁殖方法而使茶树能成为独立生长的植株的方法。这里重点介绍短穗扦插方式。

一、扦插生根原理

1. 短穗扦插

按扦插种类可归结为枝插、叶插和根插。短穗扦插是枝插法的一种，是剪取茶树枝条上的一个节间，带 1 片成熟的叶片和一个饱满的腋芽作插穗，然后进行扦插培育成茶苗的快速育苗方法。特点是用材省且繁殖系数最高，能高度保护品种纯度，且操作简便易行，是世界产茶国普遍采用的繁殖方法。

2. 扦插生根的原理

茶树扦插生根是利用茶树的再生能力及极性现象，将母体的枝条扦插进繁殖苗木，当茶树插穗扦插入土后，在一定条件下，由于植物本身固有的极性现象，在枝条形态学上的末端会形成根，位于上端的则发育出新的枝叶，而且这一现象绝不会因为上下倒置而改变。根据植物生理学的研究，主要是由于植物激素(即生长素）的作用及其内在营养物质的定向移动所引起的植物生长素，是在枝条顶端芽形成之后沿着韧皮部的筛管由上而下的定向移动。故枝条从母株上剪下来做插穗之后，这种植物生长素的正常移动就被阻碍而累积于切口之处，使插穗末端形成根，这与一般的枝条刻伤之后长出不定芽与不定根的道理一样。

(1）主要是与植物体内的生长素定向移动和积累有关。由于生长素会向下移动，而积累于下端切口处，下端生长素浓度增大，使细胞分裂有利于新根的形成。

(2）取决于生长素与激动素的比值，比值大分化为根，比值小分化为芽。由于植物合成激动素的主要部位在于根尖，插穗入土后生长素积累于下端切口，根尖产生的激素向上运输被切断，所以下部比值增大，导致发根。

(3）由于呼吸作用使含氮物质碳氮比率大，所以，就易于发根。插条生根还与内部营养物质的供应有关。

二、母本园养穗技术

要获得理想的插穗，对于插穗母本园的选择是一个十分重要的环节，不可忽视。

1. 选择标准

叶子大产量高，鲜叶品质好，抗逆性强，无病虫害，生长健壮，育芽能力强的高产优质的茶树品种可作为插穗母株。

2. 采用方法

可采用原来采摘茶园进行加强插穗母株的培养管理（例如，加强肥培管理或采用不同程度的修剪以及留梢打顶养壮）。

3. 具体措施

（1）对衰老茶树进行台割更新。对衰老茶树进行台割更新，并施运基肥，促进新梢茂盛生长，在剪穗扦插前 15~20 天进行打顶养壮，从离地面 20~25cm 处剪取，这样不但可作母株台割更新后的第一次修剪，又无损于茶树而且可获得数量多、高质量的插穗。

（2）对壮年盛采茶树进行不同程度的修剪，对萌发的新梢进行留壮去弱，并进行打顶养壮。

（3）对尚未出圃的扦插苗，当苗高达 25~33cm 时，在剪穗前 15~20 天进行打顶养壮，促进腋芽膨大，新梢形成半木质化的红棕色的枝条，剪穗时离地 20cm 左右开剪，这样不但可获得大量的合格插穗“以苗育苗”，而且还可以代替移栽定植后的第一次修剪，一举两得。

总之，为了获得理想的插穗，不但要认真选择母树并对母树进行培育，而且还要注意防治病虫害，或专设母本园。

三、建立苗圃地

1. 地点的选择

（1）选择低纬度、低海拔、气候热量丰富、昼夜温差大的小气候育苗，要求苗圃所在地年降雨量在 1 100mm 以上，且无冻害的地方。

（2）选地势平坦向阳的，pH 值为 4. 5~6. 5 的土质疏松肥沃的红壤地或黄壤地。

（3）选灌溉排水方便（水源充足，节省劳力）的地点。因为短穗扦插育苗的前期在于水、光，而后期在于保肥。

（4）选交通方便、便于管理以及比较避风的地点。

2. 深翻整畦

（1）全面深翻20~30cm，清除杂草、石地，并把土打碎耙平。

（2）作畦标准。宽不超过100cm，长不定，但不超过10~15m，高度按土质不同，黏质土不超过20cm，沙质土不超过15cm，实践证明，畦高了不适于插穗发根及引灌排水。

（3）畦与畦之间的沟宽40cm左右，以便于灌水、人工行走以及管理。

（4）畦向。春夏插的以东西向为宜，秋冬插的以南北向为宜，以防强光照射。

3. 施用基肥

对于选用的苗地土质较差的，应在离畦面2~2.5cm深处匀施基肥，有助于插穗生长，一般每亩施超大有机肥150kg左右。

4. 铺红壤心土

施用基肥后把畦面耙平，即可铺上一层约6.7cm厚的疏松红心土。所谓的红心土是指提取浮土（表土）以下的一层。因表土有草籽及草根，结构性太差的也不能用。取回心土后应充分打碎并过筛孔为8~10mm的筛子，每亩需2 000~2 500kg新土，铺好后推平压实，最好在畦面四周筑成2~3cm高的小土埂，以利灌水，并注意不得在雨天铺红心土，因雨天红心土易板结，不利扦插及苗穗发根，应强调在晴天进行。

5. 搭棚遮阴

搭棚遮阴是短穗扦插不可缺少的一项工作，其目的是避免强烈日光照射，并起到防风、防冻、保温等作用，有利于插穗成活生长，其具体做法如下。

（1）搭棚材料的选择。应掌握就地取材的原则，一般采用杂木、竹类作棚架，以黑纱网、芦苇和麦草等较不易落叶的植物作为遮阴的材料。

（2）遮阴方法。

①用搭棚遮阴的方法：以65～100cm高的平式棚架，采用黑纱网遮阴。注意不能过低，否则，会造成通风透气不良，也不便于操作。过高则阳光直射机会多，水分蒸发太大。棚面应比畦面略大，以便保护畦边的插穗。

②采用铁芒萁遮阴：其做法是选取离地25～30cm高处有分枝的铁芒萁三根为一束直插行间，密度以20%～30%为宜（每亩需250～400kg）以保证有适宜的透光率，插时畦中间应高些、稀些，畦两边应低一些、密一些。目前，一般都采用黑纱网遮阴，经实践证明该方法简便，效果最好。

四、插穗选择与剪取

1. 插穗的选择

应选取经一个生长期的、红棕色的、半木质化且生长健壮的、无病虫害的并具有饱满腋芽的枝梢为好。

2. 插穗的标准

要求一个节的短茎上带有一片成熟的叶片和一个饱满的腋芽，以3~4 cm长为宜。若腋芽处的茎偏长、偏短或叶片破损等为不标准的插穗。

3. 插穗剪取方法

要求剪口必须光滑，剪口斜面与叶向相同，腋芽与叶片要完整无损，不可剪坏。节间太短的，可把2节剪成一个插穗，并剪去下端的叶片和腋芽。

剪穗时如果有花蕾着生应结合剪除并做到随剪随插，不得过夜，在剪穗过程及扦插过程中应经常喷水，保持湿润。

4. 插穗扦插前的处理

首先，扦插前应用多菌灵进行消毒灭菌，防止病害和插条腐烂。其次，也可采用植物生长激素处理插穗以促进生根。许多单位试验表明，使用吲哚乙酸（5×10^{-4}）、吲哚丁酸（1×10^{-3}）、增产灵（3×10^{-5}）等植物生长素，浸渍和涂蘸茶树插穗基部，均能促进生根和提高成活率。

五、扦插技术与管理

1. 扦插要求与方法

扦插前先用平板稍压实畦面，并用喷水壶喷洒畦面，待过1—2小时后，畦面土不黏手方可进行扦插。

行距一般在8~10cm，铁观音常用8~8.5cm宽的木板划行。株距3~5cm，但因叶片大小不同，应视叶片大小灵活掌握，只要做到叶片面积不互相重叠就行，一般亩插20万~25万株。

扦插宜在下午阳光转弱或上午10：00前进行，有条件的可利用灯光进行夜插最好，扦插时，应注意将叶片方向顺风排列，以免被风吹动插穗并确实做到随剪随插边遮阴边浇水，剪好的插穗不得过夜。

扦插时，用拇指和食指夹住插穗上端直插或略斜插入土中，扦插深度以露出叶柄为宜。切勿把腋芽插入土中，并注意叶背不得紧贴土面。插好后稍用手指把扦插旁的泥土压实，使插穗与泥土密接在一定范围内，春插宜浅，夏插宜深，插穗入土过分倾斜易被水冲洗露出土面，影响发根。

插完一批后立即洒水、遮阴，最好能做到边插边浇水边遮阴。

2. 扦插苗的管理

（1）勤浇细遮，争取全苗。插穗未发根之前，吸水能力很弱，而插穗期间由于不断的蒸腾作用，需要不断供应水分，这时期插穗能不能成活，争取全苗，便成为主要矛盾。具体做法如下。

第一，未发根前，每周用喷水壶浇水1次。也可用手沾一下泥土，若湿润可以不用浇，阴雨天也不用浇。用的水要清洁，不得用泥浆水及死池水。

第二，畦面保持湿润为宜，不得过干或过湿，影响发根。

第三，愈合生根后，每周用喷水壶浇水1次。最好能晚上掀帘，白天再盖，使其能慢慢适应环境。

第四，普遍成活后，便可引水浸灌，此项操作最好在傍晚进行，灌水深度控制在畦高的1/2为宜，不得淹没茶苗，浸灌5—6小时后及时排水，以免引起烂根。

第五，插穗既怕阳光，又怕无光，故初期不遮不行，稍有不慎，就会晒死。但遮阴过密也不行，中期应掌握在“见天不见日”（俗话称为“花日头”），以后逐渐增多光量。后期根据茶苗的生长情况掀帘炼苗，一般春、夏插的在9—10月旱热期过后选择阴雨天拆除，秋冬插的可于翌年5—6月雨季拆除，拆除遮阴物后，应注意保持土壤的湿度在60%～80%，土壤若过于干燥要及时灌水。

（2）除草施肥，培育壮苗。壮苗先壮根，根壮苗也壮，壮根的特点是：“多、粗、深、匀”。具体做法如下。

第一，及时拔草，有草就拔，做到及时拔小草以免杂草长大后因拔草土壤松动而损伤茶根。

第二，改良土壤通气条件，促进根系生长，做到适时松土，雨后松土。

第三，合理多次施肥，切实掌握“先稀后浓，先少后多，少量多次”的原则。因初生根系少，吸收能力弱，故施肥数量要少而稀，否则会造成浪费或引起反渗透作用，导致根系因生理失调而大量死亡。开始每半个月施一次，经过3～4个月后可改为1

个月施1次，浓度可逐渐提高，每次施肥完毕要结合浇水洗刷叶片。

第四，克服“只浇肥，不浇水”的现象，后期可采用沟灌保湿的方法。

(3) 治虫摘蕾，促进成苗。无论扦插前期与后期，都必须注意病虫害的防治和摘花蕾促进茶苗的生长等人为抑制生殖生长的措施，即全程育苗及时摘花摘果，做到一见就摘除。

(4) 坚持病虫害发生前“防重于治”和“治早、治小、治了”的原则。具体做法如下。

第一，选择健壮无病虫害的枝条作插穗。

第二，在苗圃畦面上铺一层红壤心土，以减少病虫害的滋生。

第三，在梅雨季节喷射波尔多液，防治病害。

第四，茶苗密度大，枝叶幼嫩，易发生病虫害，特别是靠近生产茶园的苗圃，更易遭受病虫害。苗圃常发生的病虫害主要有茶蚜、小绿叶蝉、卷叶蛾类、茶饼病、炭疽病和茶尺蠖等。病虫害发生后，应及时进行人工摘杀或用化学药剂防治。

第四节　茶树种植

一、扦插茶苗移栽

采用无性系良种茶苗建园时，为了提高茶苗移栽的成活率，必须选择合适的移栽时期和正确的移栽技术。

1. 移栽时期

要选择茶苗的地上部处于休眠期时移栽，以利于茶苗成活。根据我国茶区的气候与生产情况，移栽可在秋末冬初或早春进行。但是冬季有干旱或冰冻严重的地区，以春初移栽为宜。在长江中下游地区，秋季或早春一般都可移栽，而在秋旱和春旱都比较严重的地区如云南，通常以雨水充沛的芒种至小暑（6月初至7月中旬）移栽为宜。

2. 移栽方法

茶苗移栽前，先要在待种植的茶园内开好沟，施下基肥并覆盖7~10cm厚的表土，避免根系与肥料直接接触，以免产生肥害或伤根。然后选择无风的阴天起苗定植。栽植时，应一手扶直茶苗，一手将土填入沟中，覆土将须根覆盖好，再用手将茶苗轻轻向上一提，使茶苗根系自然舒展，根茎不外露，然后覆土踩紧，防止上紧下松，让泥土与茶根密切结合。随即浇足定根水，再在茶株两边覆土，并高出地面7~10cm，在种植线上形成“凹”形，有利于再次浇水使水分集中，不致流失。种植茶苗应注意根茎离土表距离3cm左右，根系离底肥10cm以上。

二、种植规格

当前比较普遍采用的有以下种植方式。

1. 以大叶种为主的地区

如华南茶区，种植行距一般为1.5~1.8m，株距为40~50cm，每亩种植1 000株左右。

2. 以中、小叶种为主的地区

如江南茶区、江北茶区和西南茶区，种植方式主要有单条栽和双条栽两种。

（1）单行条栽。一般的种植行距为1.3~5m，丛距为25~33cm，每丛种植2~3株，每亩用苗2 500~4 000株。在气温较低或海拔较高的茶区，行距可缩小到1.2~1.3 m，丛距缩小到20cm左右。

（2）双行条栽。是在单条栽的基础上发展起来的种植方式，每条以30cm的小行距相邻种植，大行距为1.5m，丛距20~

33cm，每丛种植 2~3 株，每亩用苗 4 000~6 000株。与单条栽相比，双条栽成园早和投产较快，同时，保持了日后生产管理的便利性，目前已成为中、小叶种地区主要的种植方式。

除了上述种植方式外，20 世纪 70 年代以来，全国不少地区还开展了多条（3~6 条）栽的种植方式，其最大的优点在于成园早，可提前投产和收益。但是，它的局限性也非常突出：施肥要求充足，管理不便，容易出现早衰。因此，目前我国发展新茶园，已较少采用多条栽的种植方式。

三、种植后的管理

1. 抗旱护苗

1—2 年生的茶苗，既怕干又怕晒，要促进其加速生长，必须抓住除草助苗、浅锄保水、适时追肥、遮阴、灌溉等工作。值得注意的是：幼年茶树根系的杂草必须用手拔除，追肥须在根系 10cm 以外进行。

2. 查苗补苗

保证单位面积内有一定的基本苗数，是正确处理个体与群体关系的一个方面，也是争取丰产的基本因素。移栽茶园及时查苗补苗，是达到全苗、壮苗的一个有效措施。补缺用苗，最好是同一品种的同龄茶苗，用“备用苗”补缺。补缺方法和补后的管理与移栽茶苗一样。

3. 勤除杂草、防寒防冻

为促进茶苗生长，要勤除杂草，以“除早，除小，除了”为原则，春、夏、秋是除草关键时期。茶树根系杂草要用手拔除以免损伤根系。加强茶园肥培管理，增强树体对低温的抵抗力，是茶树防冻的有效方法。但是，寒冷地的追肥要掌握前促后控，最后一次应在 8 月底之前施下，过迟则茶树会“恋秋”，抗寒性反而削弱。

4. 合理施肥

幼龄茶树对磷钾要求较多，可促进根系、枝叶的生长，增强抵抗能力。一般采用开沟施肥的方法最为理想，施肥后要及时盖土，以免肥料流失。幼龄茶树根系分布浅，应浅施为好，或追施化肥采用湿施。基肥开沟施肥，其沟深为20~80cm，追肥开沟施肥，其沟深为6~8cm，在离根茎15~30cm处施。

5. 培土壅行

将茶树四周或两边的泥土，向茶树根颈部培高5~10cm。注意培土时间不宜超过11月，过迟天气转冷，作用不大。坡地茶园在茶树下方应多培土，以免根部外露，寒风侵袭。至翌年春季应及时将土扒开。

6. 覆盖防霜

可用稻草、杂草、塑料薄膜等覆盖茶树蓬面，覆盖时既要注意使覆盖物不会被大风吹走，又要防止过厚造成枝叶捂干，以盖而不严为准。开春后务必适时掀开覆盖物。

第三章　茶叶规模生产茶园管理

第一节　茶树修剪与树冠培养

一、优质高产茶树树冠的特点

茶树树冠的高低、大小、形状、结构、强弱，直接影响着茶树的生育、产量和品质。优质高产树冠具有如下特点。

1. 分枝结构良好

高产树冠的分枝要求层次多而清楚，骨干枝粗壮而又分布均匀，采摘面生产枝健壮而较茂密。

2. 树冠高度适中

综合茶树生产枝空间分布密度和茶叶生产管理，茶树树冠培养高度控制在 80cm 左右为合适，即便是南方茶区栽植乔木型大叶种，树冠亦以不超过 90cm 为好。矮化密植茶园，因种植密度提高，不必达到常规茶园的高度就能有较高的分枝密度，高山及北方条区因气候条件差，年生长量小，这些茶园多培养成 50~70cm 的低型例冠。

3. 树冠宽广覆盖度大

高产优质的树冠应具有宽大的绿色采摘面，在控制适当高度的前提下，尽可能扩大树冠幅度，在两行树冠间留 20~30cm 的宽度，供采摘或其他管理作业的操作道，使树冠有效覆盖率达到 80%~90%的水平。过宽不便采摘，过窄对土地利用不经济，采摘面不大难以实现高产。

4. 有适当的叶层厚度和叶面积指数

茶树的光合作用、水分、养分的蒸腾和吸收，尤其接近采扎面叶片的数量和质量，关系着新芽生长的好坏，直接影响茶叶的高产和优质。因此，高产优质的树冠必须留有一定厚度的叶层。一般高产树冠面应有 10~15cm 厚度的叶层。

二、茶树修剪的时期

修剪时期是修剪技术中不可缺少的一部分，只有在合适的时期内给予恰当的修剪，才能达到预期的目的，修剪时期过早，养分不够，修剪事前太晚，不利于茶树生长。

修剪人为地给茶树带来了创伤，这一创伤的恢复，需要体内有一定的养分积蓄。茶树体内养分一年之中变化很大，体内养分的消长，主要表现于碳水化合物和含氮化合物的动态消长。

一年中，茶树体内碳水化合物的变化表现为，秋季茶树将进入休眠时开始，地上部的养分就逐渐向根部转移，在根部积累贮藏起来，至翌年春茶萌发时，再从根部将贮藏的养分输送到地上部，供新梢生长的需要。根据茶树体内养分的年变化规律和各地的气候条件，我国长江中、下游茶区，修剪宜在春季茶芽萌发前（惊蛰前后）进行，这时根部养分贮藏量大，气温正处回升时期，雨水充足，茶树修剪后恢复生机有利。但就修剪对当年经济效益的影响角度来考虑，台刈、重修剪、深修剪可延至春茶后进行，春茶后茶树体内养分积累也有一个小高峰，同时，温度较高，雨水充足，5—6 月茶树生长量大，假若在修剪前重施肥料，加强管理，对根部物质贮藏不足的矛盾予以补偿，也可获得好的效果。但幼年茶树定型修剪，是为培育健壮的骨干枝，不对生产造成影响，修剪时期仍以早春为好。

就我国茶区而言，春茶前修剪居多，因为，此时剪后恢复的营养基础好，剪后气温逐渐回升，有利于剪口愈合和新枝再生。不足的是，修剪时间短促，会因大面积安排不妥而贻误时机，过早剪易受冻，过迟剪又推迟茶芽的萌发。

一些冬季无冻害和旱害发生的地区，常采用秋季修剪。秋剪处于根部养分渐渐积累时期，剪后的营养基础不及春剪，但修剪时间易于安排，有利于越冬芽的孕育，春季茶芽早发。冬季常有冻害发生的茶区，不宜采用秋季修剪。

在热带或毗邻热带茶区，茶树周年生长不息，无明显的生长期和休止期，糖的积累与分解都较快，茶树的最佳修剪期应该是茶树生长相对休止期的中、后期。

总之，茶树的修剪适期，应考虑在茶树体内养分贮藏量大，气候条件适宜，有较长的恢复生长时期进行。此外，还得结合考虑各地的生产效益、生产茶类、茶树品种、劳动力安排等因素。

三、不同时期的茶树修剪

茶叶修剪是茶园管理的重要工作之一。修剪的目的是使茶树有良好的树势和宽阔的采摘面，培养具有矮、壮、宽、匀的茶蓬，提高茶叶产量和品质，适于机械采茶和提高采茶的工作效率。

1. 茶树幼龄期的修剪

（1）修剪方法。对于幼龄茶树的修剪应采取定型，定型修剪可分为：水平修剪、分段剪、弯枝修剪、剪心修剪等。

①水平修剪：指把茶树冠上剪掉一层枝叶，使之成为开面状或弧状（一刀切）。利于机械采收。

②分段剪：指每次修剪只剪去合格枝条，不够标准的待下次修剪。合格枝条指茎粗0.4cm以上，展叶数达7叶以上，上绿下红的半木质枝条化枝条。分段剪比平剪更能充分利用生长量，及时促进分枝，培养好枝系结构。缺点是不利于开采。

③弯枝修剪：把直立主干分支的枝条向行间两边固定成干卧状，再用木钩钩住，使枝条弯曲，均分布于行间。弯枝均优于定剪，但费工时较多。

④剪心修剪：指重剪主干分支，轻剪或留养侧枝的修剪法。

（2）定期修剪次数。幼龄茶树定期修剪的次数和高度，因茶树品种、当地气候、土肥水条件而不同。通常分为 4 次修剪（图 3-1）。

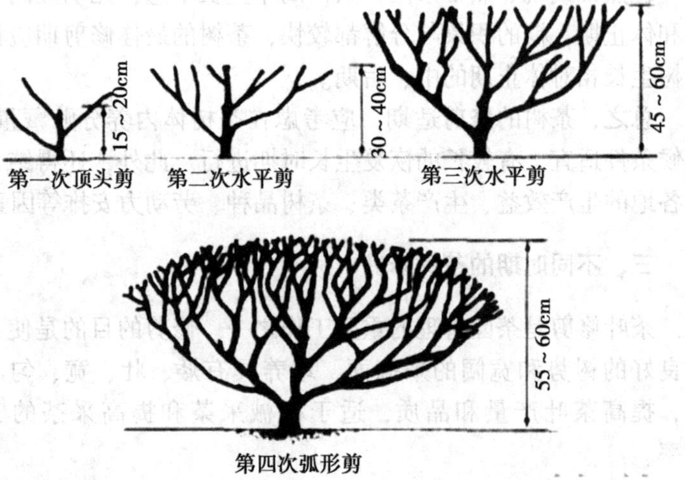

图 3-1　幼龄茶树的定期修剪

①第一次定剪：移栽后，当苗高 30 cm 以上，并有 2~3 个分枝时，便可进行定剪。其定剪高度，灌木以离地 15~20cm 处开剪，小乔木型于 25~35cm 处开剪。采取分段剪时，对分枝部位低或乔木型分枝部位高的幼嫩新梢，待下次剪或打顶采摘结合。

②第二次定剪：宜在第一次定剪的高度上再提高 15～20cm 处开剪。第一、第二次修剪的主要目的是促进侧枝向外生长扩展，形成树型。使一级、二级骨干枝合理分布。所以，小乔木应

离地面较高，即修剪的高度应提高。

③第三次定剪：宜在第二次定剪的高度上再提高 10cm 左右开剪（采用水平剪），利于开采。

④第四、第五次定剪：依照不同品种的定型高度，逐次在上一次剪口的基础上再提高 5~10cm。一般定型高度，灌木品种在 80cm 左右，小乔木品种在 100cm 左右为宜。

2. 茶树壮年期的修剪

壮年期的修剪可分为轻修剪和深修剪 2 种。

（1）轻修剪。其目的是调整树冠，使植株体内的养分得以充分调整和分配，促进侧枝生长，扩大冠幅，同时，使树冠平整，培养良好的采摘面。修剪高度，应在上年剪口基础上提高 3~5cm 处平剪。

轻修剪采取冬剪和春茶后修剪相结合的方式进行。对茶树品种搭配较好，肥水条件较好，长势较好和劳力充裕的地区，为了多采制春茶，一般在春茶采摘后及时进行轻修剪。对品种较单一，茶园面积又大，春茶开采期比较集中的茶场，应有计划地采取一定比例面积，实行冬季修剪与春茶后修剪相结合，延长采茶季节，减轻第一轮茶采摘和加工的压力，这样才有利于及时采摘，搞好加工和提高春茶质量。

（2）深修剪。当树冠面出现很多鸡爪枝，芽叶瘦小以及荚叶多，产量明显下降的茶树，要剪去树冠上部 10~15cm 的一层枝叶或在 80cm 高度处进行平剪（图 3-2）。应结合施重肥，做到花生麸肥与复合肥结合施。使树势恢复健壮，提高育芽能力。深修剪宜在秋茶结束后立即进行，以利明春早生快发。

3. 茶树衰老期的修剪

衰老茶树的修剪可分为重修剪和台刈 2 种。

（1）重修剪。适用半衰老和未老先衰的茶树，其树龄不一定很长，但其多数主枝尚有一定的生活能力，对这种茶树可实行

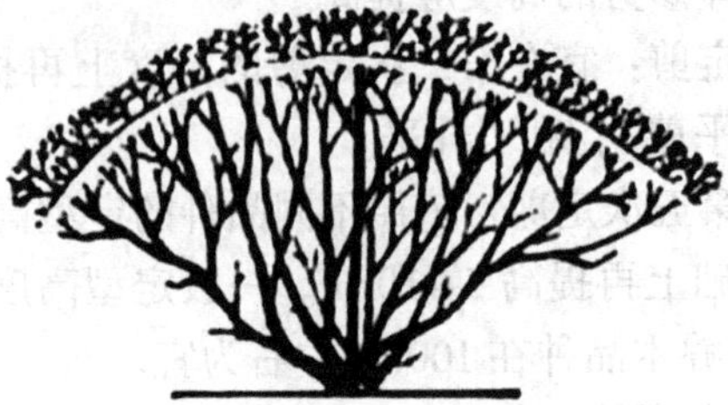

图 3-2　深修剪

重修剪更新复壮，一般是剪去树冠的 1/3~1/2（图 3-3）。

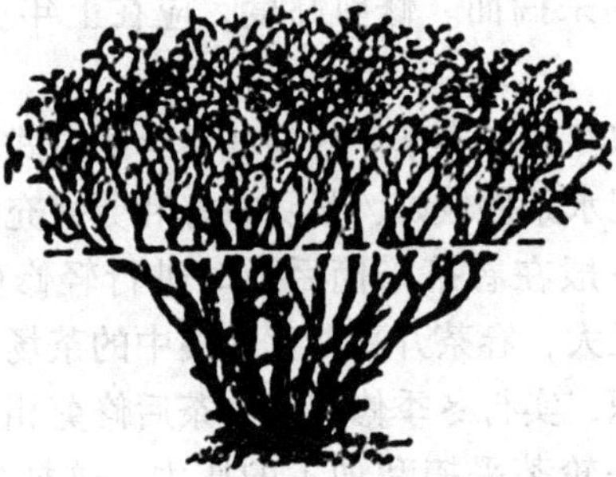

图 3-3　重修剪

（2）台刈。十分衰老的茶树，即使增施肥料也很难提高产量。对这类茶树采用台刈更新，于大寒前后在离地面 15cm 左右高处锯或剪掉全部枝干，重新养蓬。实行重修剪、台刈的都应在深翻施足基肥后进行。

四、茶树修剪后的管理

茶树修剪技术为茶树的生长提供了技术保障，但是茶树修剪后，还需要一段时间恢复，这时间对茶树的管理相当重要。茶树修剪后，只有加强管理，才能使茶树剪后恢复快，生长好，获良好的技术效果。

1. 施肥

土壤营养状况是决定衰老茶树更新后能否迅速恢复树势，达到高产的重要影响因素。在缺肥少管的情况下修剪，只能消耗树体更多的养分，加速树势衰败，达不到更新复壮的目的。修剪前，要施入较多的有机肥和磷、钾肥；修剪后待新梢萌发时，及时追施催芽肥，以促使新梢健壮，并尽快转入旺盛生长，充分发挥修剪的应有效果。一些重修剪、台刈茶园，经茶树多年生长，土壤渐趋老化，受水土冲刷严重的茶园，养分流失量大，土层变薄，自然肥力降低，更应做好修剪前后的养分供给工作。

施肥量的确定应因地制宜，根据土壤养分、茶树树势确定，修剪程度越重施肥量应越多。一般要求台刈茶树每公顷施有机肥22. 5t，或饼肥1. 5t以上，并根据土壤情况适当配施氮素每公顷75~150kg，磷素100~225kg，钾素150kg左右，这些基肥在年末秋冬深耕时施下；追肥应在生长期间分次施用，每公顷年用氮量不少于150kg，氮、磷、钾的配合使用以3∶2∶2为好。重修剪茶树用肥量可少于台刈茶树，深修剪少于重修剪。此外，应充分使修剪枝叶还园，这对改良茶园土壤，增加土壤有机质有着十分重要的作用。

2. 留养

目前，生产上有两种不合理的采留方式，一方面是只顾眼前利益，不考虑茶树长势和实现高产稳产的基础，急于求成，实行不适当的早采、强采，树体不能扩大；另一方面是该采的不采，实行“封园养蓬”，结果树冠过于高大，采摘面上生产枝稀疏，难以实现高产。

茶树定型修剪后，应以养为主，若年生长量大，可在茶季结束前适当打顶轻采。深修剪的成年茶树，剪后初期，光合同化面积小，为尽快恢复树势，开始要多留少采，经留养1～2个茶季后，才可正式投采。重修剪、台刈茶树，剪后长势较旺，新展枝叶生长量大，叶大、芽壮、节间长，如为追求眼前利益，进行不合理早采或强采，就不能达应有的更新效果，必须像幼年茶树一样，以养为主，适当地在茶季末期打顶，经2～3年的打顶和留叶采摘后，才正式投产。

3. 病虫防治

茶树经修剪后，枝叶繁茂，芽梢持嫩性强，为病虫滋生提供了鲜嫩的食料，极易发生病虫危害，所以，修剪后应十分重视病虫防治，对一些被剪下的病虫危害枝叶及时给予处理，并对茶丛根茎部周围进行一次彻底喷药，以杜绝病虫繁殖，确保复壮树冠枝壮叶茂。

除了上述施肥、留养、病虫防治等管理措施外，其他茶园农业生产措施也应积极配合运用，如铺草、灌溉、耕作等，只有这样，才能获最佳修剪效果。

第二节　茶园耕作与科学施肥

一、高产优质茶园的土壤特征

土壤是茶树生长的基础。土壤的理化性质不仅影响茶树的生长发育，也直接关系到茶叶产量、品质和茶园的生产效益。高产茶园的土壤一般具有下列特征。

1. 土层深厚、疏松

茶树是多年生常绿木本植物，其根系的垂直分布达1～2m，而且长时期在同一土壤上生长。因此，对土壤机要求有足够的容根层，又要求有良好的物理条件，才能使根系向土层内伸展伸长。反之，土层浅薄或土层存在障碍层次，使根系生长受阻，就会影响地上部分生长，无法形成高产茶树的骨架。

2. 土壤质地呈砂壤性

茶树生长良好、品质较优的茶园，要求土壤沙黏适中，土层含有适量的砾石，呈壤质偏碱性。

3. 土壤中水气协调

高产茶园土壤要求水气协调，做到液、气、固三项比例合理，并具有良好的通气、透水能力。

4. 土壤呈酸性反应

茶树喜酸性植物，只能在酸性土上才能生长和栽培。

5. 土壤有机质含量多

土壤有机质是茶园土壤潜在肥力的重要指标，也是茶园土壤熟化的重要标志。

6. 土壤养分含量丰富且平衡

土壤营养元素是土壤肥力的另一重要指标，也是一切茶园优质高产的基础。

二、茶园耕作

合理的茶园耕作可以疏松茶园表土板结层，协调土壤水、肥、气、热状况，改良土壤理化特性，促进有益微生物增殖，为茶树良好的生长发育创造一个有利环境。

由于耕作深度不同，茶园耕作可分为浅耕和深耕 2 种。

1. 浅耕

一般来说，茶园耕作深度不到 15cm 的都叫浅耕。通常，每年都要进行春耕、夏锄、秋锄和冬耕。春耕和冬耕以松土为主。耕作深度春耕 10cm 左右，冬耕 10～15cm。夏锄和秋锄以除草为主，锄草次数常因杂草生长不同而有一定差别。锄草深度以 5cm 左右为宜。新开辟茶园的第一年，为了避免带动茶籽和茶苗，距茶苗 30cm 以内的杂草宜趁雨后用手连根拔除，30cm 以外的照常进行浅耕，待茶苗长大后可用手锄除草。秋后就可全面浅耕。

在茶树幼年和青年阶段，茶园行间空隙大，容易生长杂草。为了减少杂草争夺土壤水分和养分，浅耕时期，次数的安排常在追肥之前进行 1 次。夏秋季杂草多，浅耕后要将杂草铺在地面晒干或耙出园外，堆积一处制成堆肥，特别在多雨季节更要注意。

壮年茶园如果树冠覆盖度高，其生长好、产量高。由于采摘、施肥、除虫等作业较频繁，茶行间土壤容易板结，浅耕以疏松土壤为主，次数可适当减少 1~2 次。

2. 深耕

耕作深度超过 15cm 即可称为深耕。茶树种植前的深耕，按照常规即可。种植后的深耕，由于茶园类型不同，深耕要求也有差异。下面分别就幼龄茶园、成年茶园、衰老茶园的深耕方法加以说明。

(1) 幼龄茶园。种植前深垦过的茶园，一般结合施基肥进行深耕。深耕深度初期在离茶树根部 20~30cm 以外开沟 30cm 左右深度。茶树长大后开沟的部位向行中间逐步转移。开垦时仅在种植行中深垦的茶园，一般要结合施基肥，在茶行间宽 1m 左右深耕 50cm。深挖的土壤先放置道路上，然后施基肥与心土混合，施入沟中，再将第二段表土翻入第一段，这样依次深耕，逐步完成。

(2) 成年茶园。过去已深垦过的，如土壤疏松可不再深耕。若土壤黏重，在尽量减少伤根的前提下，适当缩小宽度深耕 30cm 左右，以后不再深耕。深耕时期，北方茶区宜在 8—9 月，长江中、下游茶区宜在 9—10 月，华南茶区还可适当推迟。

(3) 衰老茶园。通常结合低产茶园改造，在秋末冬初离开茶根 30cm 进行 50cm 深耕。深耕时，要结合施用有机肥料，将肥料与土壤混合，使土肥相融。

总之，深耕是花费劳力多，需要有机肥多的作业。通常在开垦前进行一次，如果土壤黏重可在开采初期缩小宽度再进行1次。在正常情况下，待20年左右茶园产量大幅度下降时再深耕改土1次，其他时期不再深耕。

三、水分管理

茶园水分管理是指维持茶树体内正常的水分代谢，促进其良好的生长发育，而运用栽培手段对生态环境中的水分因子进行改善。其具体管理内容如下。

1. 茶园保水

茶园保水的手段主要是扩大土壤的蓄水能力和控制土壤水的流失。

要扩大土壤蓄水能力，必须注意园地土壤的选择，将茶园建在坡度不大、土层深厚、保水能力强的土壤上；种前深垦、秋后深翻、增施有机肥等手段可使茶园有效土层加深，增强保水能力；建园时，注意水利规划建设也是重要的保水手段。

控制土壤水散失的办法有茶园铺草、合理种植、合理间作、耕锄保水、造林保水等相关措施。茶园铺草的用量一般有豆科作物、牧草等。也可在茶树上施用抗蒸腾剂，其中，薄膜型抗蒸腾剂即OED绿、PMA在茶叶上反应良好。

2. 茶园灌溉

灌溉是一项积极的供水措施，能有效地克服旱象，促进茶树在旱热季节也能迅速生长，既增产又提质。

茶园灌溉有浇灌、流灌、喷灌3种方式，还有少量采用滴灌、渗管式。浇灌用水最为节约，适用于1~2龄的幼龄茶树和无其他灌溉条件的茶园。流灌可一次性彻底解决旱象，但用水量大且易冲刷泥土。喷灌、滴灌、渗灌效果好，但投资大。目前，茶园喷灌设施有移动式喷灌系统，应用较为广泛。

茶园水分管理的内容还有排水，排湿。同地茶园要注意对排水系统的维护，使多余的降水排至园外，流向沟、塘和水库。平地茶园为防止水渍，要开出深沟排湿，以降低地下水位。

茶园管水的目标是：有水能蓄、多水能排、缺水即补、使茶园土壤经常保持在适宜茶树生长的范围。

四、科学施肥

1. 茶园的施肥时间

基肥一般在 10 月上、中旬施入。南部茶区因茶季长，基肥施用时间可适当推迟。

春季追肥 2 月下旬施入，夏季追肥 5 月中下旬施入，秋季追肥在 7 月中下旬施入。

2. 茶树所需元素与施肥量

（1）茶树所需元素。茶树正常生长发育所需的营养元素有：钾、钙、镁、铁、锰、锌、钼、铜、磷、硫、硼、碳、氮、氢、氧等 40 多种，其中，钾、钙、镁、铁、碳、磷、硫、氢、氧、氮 10 种元素需要量较多，称为大量元素。其余需要量较少，但是，是茶树生长发育必需的，称为微量元素。因此，单纯施用某种化学肥料是不能满足茶树生长发育所需。

有机肥（包括植物残体、动物粪便）所含营养最全面。所以，茶园首选施用肥应该改是有机肥，应加大其施用比例，否则，易出现茶树缺素状，从而降低产量和鲜叶品质。茶树生长发育对氮、磷、钾 3 种元素的需求量最大。因此，应注意配合施用氮、磷、钾肥。

对无公害茶园来讲，其施肥以有机肥为主，配合施用氮、磷、钾肥及微量元素肥料。对有机茶园来讲，应全部使用源于有机农业生产体系或经有机肥认证机构认证的有机肥。

（2）施肥量。茶园施肥量应根据茶树幼龄、茶树生育状况、土壤肥力、土壤结构、茶园产量等综合因素确定。其中，依据茶园产量、适当考虑其他因素确定施肥量最简便易解的办法。

茶树鲜叶氮、磷、钾含量分别为4.5%、0.5%～0.9%、0.9%～1.8%。

如果每亩茶园每年鲜叶产量为400kg，随鲜叶带走的氮素为18kg，磷素为2～3.6kg，钾素为3.6～7.2kg。考虑到土壤养分流失等因素。亩产400kg鲜叶的茶园，每年每亩施用氮量为54kg，施用磷素为6～10.8kg，施用钾量为10.8～21.6kg。再考虑树龄、树势、土壤肥力、土壤结构等因素确定茶园施肥量。

一般来说，幼龄茶园全年纯氮、磷、钾施用量分别为30～40kg、3.6～6.5kg、6.5～13kg。投产期茶园全年氮、磷、钾施用量分别为50～80kg、9.6～18kg、18～36kg。

3. 肥料的种类和施肥原则

（1）肥料的种类。

有机物：主要是用原生菜籽饼、鸡粪和腐殖质酸等。

无机物：主要是尿素、硫酸铵、磷酸二铵、硫酸镁、过磷酸钙、硫酸钾、氯化钾及一些微量元素的无机盐等。

活的微生物：主要是对茶树生长和土壤肥力有益的耐酸性微生物。

添加剂：主要是某些增效剂、根系活化剂及能促使微生物生存和繁衍的物质。其氮、磷、钾、镁四要素含量大于20%，有机质含量为25%左右。肥料外形颗粒状、中性，水分含量低于8%，并含有企业标准规定的微量元素和微生物数量，不结块，不吸潮，但怕暴晒，怕酸碱。

（2）茶园施肥原则。

①以有机肥为主，有机肥与无机肥配合施用：有机肥具有营养元素全面、肥效缓慢持久的特点。茶园施肥以有机肥为主，可以持久、均衡的供给茶树生长发育所需的各种营养元素，同时，还可以改良土壤结构，对茶园高产、稳定、优质、高效起着至关

重要的作用。单纯施用化学肥料会造成茶树缺素症状，同时，破坏茶园土壤结构，从而影响茶园产量和鲜叶品质。因此，生产中应贯彻执行以有机肥为主，有机肥与无机肥配合施肥的原则。

②氮、磷、钾配合施用：改正单一使用速效氮的做法。根据茶树不同生育期营养特点和培养目标确定使用种类。茶幼龄的茶园或衰老更新的茶园的栽培目标是培育树冠，应该施磷钾肥，配合施用氮肥；投产茶园的栽培目标是获得高产优质的茶鲜叶，这个阶段应增施氮肥，配合使用磷钾肥。

③重施基肥，分期追肥：进到秋末，茶树地上生长相对停止，地下部根系生长、吸收养分相对旺盛，此时应重施基肥，以农家肥为主，辅以磷钾肥。3 月中下旬至 10 月上中旬是茶树地上生长发育旺盛时期，且呈现出阶段性，应分次追肥，以速效氮肥为主，适当施入磷钾肥。

④掌握肥料性质，做到合理施肥：各种肥料性质和肥效各不相同，其使用方法、使用时间各不相同，例如：尿素，含氮 46%，施用后春秋季 10~15 天发生肥效，夏季 10 天左右发生肥效，所以，春秋季施用尿素比夏季施用尿素提前几天；过磷酸钙，含磷 16%~18%，肥效比较迟缓，每年施用次数可适当减少；硫酸钾，含钾 50%~52%，易溶于水，是生理酸性肥料，连续使用会使土壤酸化，最好与磷矿粉等碱性肥料配合使用。

4. 茶园的施肥方法

（1）基肥的施用。通常以迟效性的有机肥为主，配合施用磷肥，于当年秋季开沟施入。深度 20cm 以上，一般亩施有机肥 200~400kg，农家肥 1 000~2 000kg。有机肥主要以腐殖酸类肥料、堆肥及作物桔秆、绿肥、落叶等为主。肥料施入后逐步分解，不断供给树体所需的大量元素和微量元素。施基肥时可混施适量的速效氮肥，以利于土壤微生物活动，加速有机质的分解。过酸磷钙直接施入土壤易与土壤中的钙、铁等元素化合，不易被茶树吸收利用，宜与厩肥、人粪尿等有机堆积腐熟，然后作基肥用。

(2) 追肥的施用。追肥可结合茶树生育规律多次施用，以化肥为主，施用期为茶叶开采前15~30天开沟施入，条栽茶园开沟条施，丛栽茶园开环沟施（主要是针对育种母本茶树而言）。幼龄茶园穴施，开沟距离根颈部10~20cm处施入。成龄茶园施肥位置一般在茶树树冠滴水线垂直处施入。施肥深度：尿素、硫酸铵挖沟5~6cm深施下。易发挥的肥料，例如，NH_4HCO_3，要深挖至10~15cm，施完即盖土，以防挥发。山坡地或梯级茶园要在茶行上方开沟施肥，以防肥料流失。切不可撒施，既浪费肥分，又造成茶树裸露，遇天旱容易死亡。

(3) 叶面肥的施用。可根据茶树的生长状况，在茶叶采摘前10天施用。但必须施用经农业部登记注册的叶面肥。

第三节　病虫害识别与防治

一、常见茶树虫害

(一) 食叶性害虫

1. 茶尺蠖

(1) 主要症状。以取食茶树嫩叶为主，发生严重时可将成片茶园食尽，严重影响茶树的树势和茶叶的产量。该幼虫取食叶片，幼龄幼虫在嫩叶上咬成“C”形缺口，1龄幼虫啮食芽叶上表皮和叶肉，使叶呈褐色点状凹斑；2龄幼虫能吃成穿孔或自叶缘向内咬食形成缺刻；4龄后开始暴食，严重时，可使茶树成为秃枝。

(2) 发生特点。为一年发生5~6代，以蛹在茶树根际土壤中越冬，翌年2月下旬至3月上旬开始羽化。幼虫发生为害期分别为4月下旬至5月中旬、5月下旬至6月下旬、6月下旬至7月下旬、7月中旬至8月中旬、8月中旬至9月下旬、9月下旬至10月中旬。

幼虫历期以第一代最长，其次是第五、第六代，第二至第四代的历期均较短。各虫态历期为，卵期6~10天，幼虫期约15天，蛹期7~13天（越冬蛹4个月以上），成虫3—7天。第一代卵在4月上旬开始孵化，第二代孵化高峰期在6月上中旬，以后约每隔1个月发生1代。

第一代幼虫为害春茶，第二代幼虫为害夏茶，以后每隔一个月发生1代，至10月后，以最后1代老熟幼虫化蛹越冬。

（3）防治方法。

①清园灭蛹、培土杀蛹：结合秋冬深耕，培土灭蛹：在茶尺蠖越冬期间，结合秋冬季茶园深耕，将茶丛树冠下和表土耕翻12~15cm，使蛹受机械损伤致死外，尚能将蛹翻出土面，被其他生物吃掉或冬寒冻死，或深埋土中，成虫不能羽化出土。深耕后，在茶丛根茎四周培土9~12cm，稍加镇压结实，效果更好。

②透杀：利用成虫的趋光性，点频振杀虫灯或黑光灯诱杀成虫。

③人工捕杀幼虫：利用幼虫受惊后吐丝下垂的习性，可在傍晚打落并收集后消灭。当蛹的密度大时，也可组织力量挖蛹。

④保护利用天敌：茶尺蠖的天敌较多。一方面，应尽量减少茶园用药次数，降低化学农药用量，以保护田间的寄生性和捕食性天敌，充分发挥自然天敌的控制作用；另一方面，喷施茶尺蠖核型多角体病毒制剂。

⑤生物防治：在1~2龄幼虫期，每亩喷100亿的核多角体病毒制剂，或喷洒杀螟杆菌、青虫菌和苏云金杆菌（每克含孢子数100亿）200~300倍液，对茶尺蠖亦有较好的防治效果。

⑥药剂防治：使用农药防治要严格掌握防治指标，成龄投产

茶园的防治指标为每亩幼虫量 4 500头，施药适期掌握在 2~3 龄幼虫期。施药方式以低容量蓬面喷雾为宜。

药剂可选用 2.5%溴氰菊酯乳油 3 000~6 000倍液、98%巴丹可溶性粉剂 1 500倍液、2.5%三氟氯氰菊酯水乳剂 3 000倍液、35%赛丹乳油 1 000倍液、0.6%清源保水剂 1 000倍液、50%辛硫磷乳剂 1 500~2 000倍液，或 2.5%鱼藤酮乳油 300~500 倍液，或 0.36%苦参碱 1 000倍液，或 20%除虫脲 2 000倍液喷雾或 45%杀螟硫磷。

2. 茶毛虫

（1）主要症状。茶毛虫的幼虫咬食叶片，严重时，连同芽叶、嫩梢、树皮、花果嚼食殆尽，仅留秃枝。

（2）发生特点。茶毛虫在各地发生代数不一。浙江、湖南及江西等省 1 年 3 代，以卵块在茶丛中下部叶背越冬。翌年 3—4 月孵化。3 代幼虫为害盛期分别在 4—5 月、6—7 月、8—10 月，以春、秋茶受害为重。幼虫初期喜群集，后期食量增大，分群危害。由于怕光忌高湿，一般是昼伏夜出。幼虫老熟后，停止取食并爬至根际土壤中、枯枝落叶下或暗阴湿润地结茧作蛹。成虫有趋光性。

（3）防治方法。

①秋冬季清园，摘除卵块和虫群：一方面在当年末代茶毛虫发生严重的茶园中，可在 11 月至翌年 3 月间人工摘除越冬卵块；另一方面可利用该虫群集性强的特点在低龄幼虫期，结合田间操作随时摘除虫群。在化蛹期培土埋蛹。

②灯光诱杀：由于茶毛虫成虫有趋光性，在成虫羽化期安装杀虫灯诱蛾，用灯光或性激素诱杀雄成虫，减少产卵量，可减轻田间为害。

③保护天敌：天敌种群数量对茶毛虫有良好的控制作用．其中茶毛虫黑卵蜂、乳色绒茧蜂。细菌性软化病及核型多角体病毒

是主要的天敌。

④生物防治：减少田间使用化学农药的次数，促进田间天敌繁殖．人工释放赤眼蜂，发挥天敌的控制作用。也可使用茶毛虫核型多角体病毒制剂，使用浓度为1 000倍液。

⑤化学防治：在百丛卵块5个以上时进行，掌握在3龄幼虫期前，以侧位低容量喷洒为佳。

选用90%敌百虫晶体、80%敌敌畏乳油1 000~1 500倍液、50%辛硫磷乳油1 500~2 000倍液。也可用2.5%功夫菊酯乳油、2.5%溴氰菊酯乳油、10%氯氰菊酯乳油4 000~6 000倍稀释液进行喷雾防治。

可采取敌敌畏毒砂（土）的方法，即每亩用80%敌敌畏100~150ml，加干湿适宜的砂土10kg拌匀，覆盖塑料膜闷10~15分钟后，均匀撒在茶地上，防效能优于喷雾。

在幼虫初孵期，使用20%灭幼脲胶悬剂每亩100~150ml对水喷雾或5%抑太保乳油每亩75~120ml，对水75~150kg喷雾，药效缓慢，喷药后7—10天防治明显，持效期1个月或用45%杀螟磷硫。

3. 茶刺蛾

（1）主要症状。幼虫栖居叶背取食，幼龄幼虫取食下表皮和叶肉，留下枯黄半透膜，中龄以后咬食叶片成缺刻，常从叶尖向叶基锯食，留下平宜如刀切的半截叶片。

（2）形态特征。成虫体长12~16mm，翅展24~30mm。体和前翅浅灰红褐色，翅面具雾状黑点，有3条暗褐色斜线；后翅灰褐色，近三角形，缘毛较长。前翅从前缘至后缘有3条不明显的暗褐色波状斜纹。卵椭圆形，扁平，淡黄白色，单产，半透明。幼虫共6龄，体长30~35mm，长椭圆形，前端略大，背面稍隆起，黄绿至灰绿色。体前端背中有一个紫红色向前斜伸的角状突起，体背中部和后部还各有一个紫红色斑纹。体侧沿气门线有一列红点。低龄幼虫无角状突起和红斑，体背前部3对刺、中部1对刺、后部2对刺较长。

（3）发生特点。在湖南、江西等省一年发生3代，以老熟幼虫在茶丛根际落叶和表土中结茧越冬。3代幼虫分别在5月下旬至6月上旬，7月中、下旬和9月中、下旬盛发。且常以第二代发生最多，为害较大。成虫日间栖于茶丛内叶背，夜晚活动，有趋光性。卵单产，产于茶丛下部叶背。幼虫孵化后取食叶片背面成半透膜枯斑，以后向上取食叶片成缺刻。幼虫期一般长达22—26天。

（4）防治方法。

①科学肥水管理，铲除茶园杂草，增强树势；茶树在冬季培土时梳出茶丛下6.5cm表土层，翻入施肥沟底，对消灭茶刺蛾、扁刺蛾、茶蚕等的越冬蛹有效，此外，用新土把茶丛培高10cm压紧，可阻碍越冬蛹羽化出土。

②保护与利用天敌。

③幼虫盛发期喷洒80%敌敌畏乳油1 200倍液或50%辛硫磷乳油1 000倍液、50%马拉硫磷乳油1 000倍液、25%亚胺硫磷乳油1 000倍液、25%爱卡士乳油1 500倍液、5%来福灵乳油3 000倍液。

4. 茶黑毒蛾

（1）主要症状。幼虫嚼食茶树叶片成缺刻或孔洞，严重时，把叶片、嫩梢食光，影响翌年产量、质量。幼虫毒毛触及人体引致红肿痛痒。

（2）发生特点。年生4代，安徽省年生4~5代。以卵在茶树叶背、细枝或枯草上越冬。翌年3月下至4月上旬孵化。2代、3代、4代幼虫分别发生在6月、7月中旬至8月中旬、8月下旬至9月下旬。成虫趋光性强，白昼静伏，夜间活动，羽化后当天即行交配，把卵成块或散产在茶丛中或下部叶背处。每雌产卵

100~200粒，卵期7~10天。幼虫共5龄，初孵幼虫群集老叶背面取食叶肉，2龄后分散，喜在黄昏或清晨为害。幼虫期20~27天。老熟后爬至茶丛基部枝杈间、落叶下或土缝里结茧化蛹。蛹期10~14天，成虫寿命5~12天。该虫喜温暖潮湿气候，高温干旱年份发生少。

（3）防治方法。

①清园灭卵：结合茶园培育管理，清除杂草，制作堆肥或深埋入土。特别是冬季，清除茶树根际的枯枝落叶及杂草，深埋入土，可消灭大量的越冬卵。

②保护天敌：茶黑毒蛾的天敌种类如下。

a. 在卵期有赤眼蜂、黑卵蜂、啮小蜂，寄生率以越冬卵最高，可达40%以上。

b. 幼虫期和蛹期有日本追寄蝇、绒茧蜂和瘦姬蜂。

c. 此外，还有茶黑毒蛾核型多角体病毒、捕食性天敌等，均对种群数量有一定的抑制作用。

③灯光诱杀：利用成虫趋光性的特点，在发蛾期点灯诱杀，以减少次代虫口的发生数量。

④加强茶园管理：茶树高大的，可结合茶树改造，进行重修剪或台刈。以减少茶黑毒蛾的产卵场所。

5. 茶卷叶蛾

（1）主要症状。幼虫在芽梢上卷缀嫩叶藏在其中，嚼食叶肉，留下一层表皮，形成透明枯斑，后随虫龄增大，食叶量大增，卷叶苞可多达10个叶，常食成叶、老叶。

（2）发生特点。群众俗称“包叶虫”“卷心虫”，幼虫在卷叶苞内越冬。幼虫幼时趋嫩且活泼，受惊即弹跳落地，老熟后常留在苞内化蛹。成虫白天潜伏在茶丛中，夜间活跃，有趋光性，常把卵块产在叶面，呈鱼鳞状排列，上覆胶质薄膜。芽叶稠密的茶园发生较多。5—6月雨湿利其发生。秋季干旱发生轻。

该虫年发生 6 代，以老熟幼虫在虫苞中越冬。各代幼虫始见期常在 3 月下旬、5 月下旬、7 月下旬、8 月上旬、9 月上旬、11 月上旬，世代重叠发生，幼虫共六龄。成虫有趋光性，卵呈块多产在叶面。

（3）防治方法。

①冬季剪除虫枝，随手摘除卵块、虫苞，清除枯枝落叶和杂草，集中处理，减少虫源。

②并注意保护寄生蜂。

③灯光诱杀成虫。

④谢花期喷洒青虫菌，每克含 100 亿孢子 1 000倍液，如能混入 0. 3%茶枯或 0. 2%中性洗衣粉可提高防效。

此外可喷白僵菌 300 倍液或 90%晶体敌百虫 800~900 倍液、50%敌敌畏乳油 900~1 000 倍液、50%杀螟松乳油 800 倍液、2. 5%功夫乳油 2 000~3 000倍液。

掌握 1~2 龄幼虫期喷药防治。可选用 80%敌敌畏 1 000倍液或 2. 5%天王星或 25%喹硫磷 800 倍液。

6. 茶细蛾

（1）主要症状。幼虫在茶树嫩叶里潜食或卷成三角苞匿居取食，影响茶叶产量。三角苞混入率高于 3%，开始影响茶叶质量。

（2）发生特点。以蛹茧在茶树中下部成叶或老叶面凹陷处越冬。翌春 4 月成虫羽化产卵。成虫晚上活动、交尾，有趋光性。1~2 龄为潜叶期，3~4 龄前期为卷边期，4 龄后期、5 龄初期进入卷苞期，把叶尖向叶背卷结为三角虫苞。该虫卵期 3~5 天，幼虫期 9~40 天，非越冬蛹 7~16 天，成虫寿命 4~6 天。

（3）防治方法

①分批及时采茶，注意采去有虫叶，减少该虫产卵场所及食料。

②加强茶园管理，发现虫苞及时摘除，集中烧毁或深埋。

③在潜叶期及时喷洒50%辛硫磷乳油1 200倍液或80%敌敌畏乳油1 000倍液、90%巴丹可湿性粉剂1 500倍液、20%氰戊菊酯乳油4 000~5 000倍液。

7. 茶丽纹象甲

(1) 主要症状。主要为害夏茶。幼虫在土中食须根，主要以成虫咬食叶片，成虫活动能力强，爬行迅速，具假死性，主要咬食叶片成缺刻。严重时全园残叶秃脉，对茶叶产量和品质影响很大。

(2) 发生特点。一年发生1代，以幼虫在茶丛树冠下土中越冬，翌年3月下旬陆续化蛹，4月上旬开始陆续羽化、出土，5—6月为成虫为害盛期。成虫有假死性，遇惊动即缩足落地。

(3) 防治方法。

①茶园耕锄：在7—8月或秋末结合施基肥进行清园及行间深翻，可杀除幼虫和蛹。

②人工捕杀：利用成虫假死性，利用成虫高峰期在地面铺塑料薄膜，然后用力振落集中消灭，以减少发生量和减轻危害程度。

③生物防治：于成虫出土前撒施白僵菌871菌粉，亩用菌粉1~2kg拌细土施土上面。

④化学防治：在亩虫量达10 000头时进行，防治适期一般在5月底至6月上旬，即出土盛末期，以低容量喷雾为佳。可选用1 000倍液35%赛丹、98杀螟丹喷杀成虫或用BT粉400倍液施于土中，使之感病致死。选用2.5%天王星800倍液（亩用60ml）或98%巴丹800倍（亩用50~60g）（生产出口茶的茶园建议不用该药）。

(二) 吸汁性害虫

1. 假眼小绿叶蝉

(1) 主要症状。以成虫和若虫以针状口器刺入茶树嫩梢及叶脉，吸取汁液，造成芽叶失水萎缩，枯焦，严重影响茶叶产量和品质。茶树受害后，其发展过程分为失水期、红脉期、焦边期、枯焦期。

(2) 发生特点。假眼小绿叶蝉以成虫越冬，卵散产于茶树嫩茎皮层与木质部之间，平均每雌产卵 8~10 粒。若虫大多栖息在嫩叶背及嫩茎上，以嫩叶背居多。1~2 龄若虫活动范围不大，3 龄后善爬、善跳、畏光、横行习性增强。一年发生 9~13 代，世代重叠。为危害高峰期分别为 6—7 月和 9—10 月。

(3) 防治方法。

①加强茶园管理，及时清除杂草，及时分批采摘，或轻剪去除卵抑制其发展。

②保护天敌。

③发生严重茶园，抓紧以 11 月至翌年 3 月喷洒 50%的辛硫磷或马拉硫磷 1 000倍，以消灭越冬虫源。

④化学防治。掌握在峰前，百叶虫量超过 8 头且田间若虫占总虫量 80%以上时为适期。以低容量蓬面喷洒为佳。

a. 2. 5%联苯菊酯（天王星）1 000~6 000倍液，每亩用量 12. 5~25ml，安全间隔期 6 天；

b. 10%吡虫啉（大功臣）4 000~5 000倍液，每亩用量 15~20g，安全间隔期 7~10 天；

c. 5%茶鹰 1 000~1 200倍液，每亩用量 50~75ml，安全间隔期 7~10 天。

2. 黑刺粉虱

(1) 主要症状。以幼虫刺吸茶树成叶和老叶汁液为害，其排泄物还诱致煤污病，严重时茶芽停止萌发、树势衰退、大量落叶，树冠一片黑色。

(2) 形态特征。成虫体长约 1~1.3mm，雄虫略小，体橙黄色，体表覆有粉状蜡质物，复眼红色，前翅紫褐色，周围有 7 个白斑，后翅浅紫色，无斑纹。卵长约 0.25mm，香蕉形，顶端稍尖，基部有一短柄与叶背相连，初产时乳白色，渐变深黄色，孵化前呈紫褐色。初孵幼虫长约 0.25mm，长椭圆形，具足，体乳黄色，后渐变黑色，周缘出现白色细蜡圈，背面出现 2 条白色蜡线，后期背侧面生出刺突。1 龄幼虫背侧面具 6 对刺，2 龄 10 对，3 龄 14 对。幼虫老熟时体长约 0.7mm。蛹近椭圆形，初期乳黄色，透明，后渐变黑色。蛹壳黑色有光泽，长约 1mm，周缘白色蜡圈明显，壳边呈锯齿状，背面显著隆起，上常附有幼卑蜕皮壳。蛹壳背面有 19 对刺，两侧边缘雌蛹壳有 11 对刺，雄蛹壳 10 对。

(3) 发生特点。一年发生 4 代，以老熟幼虫在茶树叶背越冬，翌年 3 月化蛹，4 月上、中旬成虫羽化，第 1 代幼虫在 4 月下旬开始发生。第 1~4 代幼虫的发生盛期分别在 5 月下旬、7 月中旬、8 月下旬和 9 月下旬至 10 月上旬。黑刺粉虱喜郁蔽的生态环境，在茶丛中下部叶片较多的壮龄茶园及台刈后若干年的茶园中易于大发生，在茶丛中的虫口分布以下部居多，上部较少。成虫羽化时，蛹壳仍留在叶背。成虫飞翔力弱，白天活动，晴天较活跃。卵多产于成叶与老叶背面，每雌产卵量约 20 粒。初孵幼虫能爬行，但很快就在卵壳附近固定为害。幼虫经 3 龄老熟后，在原处化蛹。

(4) 防治方法。

①结合茶园管理进行修剪、疏枝、中耕除草，使茶园通风透光，可减少其发生量。

②黑刺粉虱的防治指标为平均每张叶片有虫 2 头，即应防治。当 1 龄幼虫占 80%、2 龄幼虫占 20%时即为防治适期。可选

用40%乐果乳油800倍液，或50%马拉硫磷乳油800~1 000倍液，或50%辛硫磷乳油1 000倍液，或25%扑虱灵乳油1 000倍液，或2.5%天王星乳油1 500~2 000倍液。安全间隔期相应为10天、10天、5天、14天和6天。黑刺粉虱多在茶树叶背，喷药时要注意喷施均匀。发生严重的茶园在成虫盛发期也可进行防治。

③黑刺粉虱的天敌种类很多，包括寄生蜂、捕食性瓢虫、寄生性真菌，应注意保护和利用。

3. 茶蚜

(1) 主要症状。若虫和成虫刺吸嫩梢汁液为害。使芽梢生长停滞、芽叶卷缩。此外由于蚜虫分泌"蜜露"，诱致霉病发生。

(2) 形态特征。分有翅蚜和无翅蚜2种。有翅蚜长约2mm，翅透明，前翅长约2.5~3mm，中脉有一分支，体黑褐色并有光泽。触角第3~5节依次渐短，第3节有5~6个感觉圈排成一列。腹部背侧有4对黑斑，腹管短于触角第4节，尾片短于腹管，中部较细，端部较圆，具有12根细毛。无翅胎生雌蚜卵圆形，暗褐至黑褐色，体长约2mm。卵长椭圆形，长径约0.5~0.7mm，短径0.2~0.3mm，初产时浅黄色，后转棕色至黑色，有光泽。若虫外形和成虫相似，浅黄至浅棕色，体长0.2~0.5mm。1龄若虫触角4节，2龄5节，3龄6节。

(3) 发生特点。当虫口密度大或环境条件不利时产生有翅蚜，飞迁到其他嫩梢繁殖新蚜群。茶蚜趋嫩性强，因此，在芽梢生长幼嫩的新茶园、台刈后复壮的茶园、修剪留养茶园和苗圃中发生较多。茶蚜的发生和气候条件关系密切。在晴暖少雨天气适于茶蚜发生，夏季干旱高温，暴风大雨条件不利于茶蚜发生。一年发生20余代，偏北方茶区以卵在茶树叶背越冬。在翌年2月下旬开始孵化，3月上旬盛孵，全年以4—5月和10—11月发生较多，4 月下旬至 5 月中旬为全年发生盛期。茶蚜有两种繁殖方式，即胎生（孤雌生殖）和卵生（有性生殖）。一般以胎生为主。每头无翅胎生雌蚜可产幼蚜 20~45 头，1 头有翅胎生雌蚜可产幼蚜 18~30 头。秋末出现有性蚜，交尾后产卵于茶树叶背，常十余粒至数十粒产在一处，排列不整齐，较疏散，每雌产卵量 4~10 粒，一般多为无翅蚜。

（4）防治方法。

①在虫梢数量少、虫口密度大的茶园中人工采除虫梢。分批多次采摘，可破坏茶蚜适宜的食料和环境，抑制其发生。

②茶蚜的天敌有瓢虫、草蛉、食蚜蝇等多种，要注意保护，减少化学农药的施用次数，达到自然控制的效果。

③当有蚜芽梢率达 10%，有蚜芽梢芽下第 2 叶平均虫口达 20 头以上时，可喷施 40%乐果乳油、50%马拉硫磷乳油 1 000倍液，2. 5%溴氰菊酯乳油、2.5%天王星乳油 4 000~6 000倍液。安全间隔期相应为 10 天、10 天、3 天和 6 天。零星发生时可组织挑治。

4. 茶橙瘿螨

（1）主要症状。成螨和若螨刺吸茶树嫩叶和成叶汁液，被害叶失去光泽，呈淡黄绿色，叶正面主脉发红，叶背出现褐色锈斑，芽叶萎缩，芽梢停止生长。

（2）形态特征。成螨体小，长约 0. 14mm，橙红色，长圆锥形，体前部稍宽，向后渐细呈胡萝卜形，足 2 对，体后部有许多皱褶环纹，背面约有 30 条。腹末有 1 对刚毛。卵为球形，直径约 0. 04mm，白色透明，呈水晶状。幼螨和若螨体色浅，乳白至浅橘红色，足 2 对，体形与成螨相似，但体后部的环纹不明显。

（3）发生特点。一年约发生 20 余代，以卵，幼螨、若螨和成螨各种螨态在茶树叶背越冬。世代重叠严重。一般 3 月、11—12 月每月发生 1 代，4 月和 10 月各 2 代，5 月和 9 月各 3 代，

6—8 月各 4 代。初冬气温降至 10 以下时，各螨态均能继续活动，一般于第二年 3 月中、下旬气温回升后，成螨开始由叶背转向叶面活动为害。各世代历期随气候而异，当平均气温在 17~18℃时，全世代历期平均 11—14 天，平均气温在 22~24℃时为 7~10 天，平均气温在 27~28℃时为 5~6 天。成螨具有陆续孕卵分次产卵的习性，卵散产于叶背，多在侧脉凹陷处，每雌螨平均产卵 20 余粒。幼螨第一次蜕皮成若螨，第二次蜕皮后成成螨。每次蜕皮前均有一不食不动的静止期。在茶丛中几乎全部分布在茶丛中上部，大多分布在芽下第 1~4 叶上。全年一般有 2 个发生高峰，第一个高峰在 5 月中、下旬，第二个高峰期因高温干旱季节的早迟而异，一般在夏季高温旱季后形成，但数量低于第一个高峰。全年以夏、秋茶期为害最重，高温季节和高湿多雨条件不利于发生。

（4）防治方法。

①秋茶结束后，于 11 月下旬前抓紧喷施波美 0.5 度石硫合剂，减少越冬虫口基数。

②实行分批多次采摘，可减少虫口数。

③在发生高峰前喷施 20%哒螨酮或 15%灭螨灵 2 000~3 000 倍液或 25%扑虱灵 800~1 000倍液。

5. 茶跗线螨

（1）主要症状。茶跗线螨以成螨和幼、若螨栖息在茶树嫩叶背面刺吸茶树嫩液汁为害，叶片正面的螨量很少。茶树幼嫩芽叶被害后严重失绿，叶背和叶面均呈褐色，叶质硬化、变脆、增厚、萎缩，叶尖扭曲变形，嫩梢僵化，停止生长。

（2）发生特点。茶跗线螨一年发生 20~30 代，以雌成螨在茶芽鳞片内或叶柄等处越冬。该螨以两性繁殖为主，也能够孤雌繁殖，卵单产或散产于芽尖和嫩叶背面。从卵到成螨完成一个世代只需 3—15 天。茶跗线螨趋嫩性很强，能随芽梢的生长不断向幼嫩部位转移，分布在芽下第1~3叶的螨数占总量的98%以上。

（3）防治方法。

①及时分批采摘。

②化学防治：2.5%天王星3 000~6 000倍液，每亩用量12.5~25ml，安全间隔期6天；73%克螨特1 500~2 000倍液，每亩用量40~50ml，安全间隔期10天；非采茶季节用45%石硫合剂200~300倍液，每亩用石硫合剂晶体250~375g。

6. 茶黄蓟马

（1）主要症状。成虫、若虫锉吸为害茶树新梢嫩叶，受害叶片背面主脉两侧有2条至多条纵向内凹的红褐色条纹，严重时，叶背呈现一片褐纹，条纹相应的叶正面稍凸起，失去光泽，后期芽梢出现萎缩，叶片向内纵卷，叶质僵硬变脆。

（2）形态特征。成虫橙黄色，体小，长约1mm，头部复眼稍突出，有3只鲜红色单眼呈三角形排列，触角约为头长的3倍。8节。翅2对，透明细长，翅缘密生长毛。卵为肾形，浅黄色。若虫体形与成虫相似，初孵时乳白色，后变浅黄色。

（3）发生特点。一年发生多代。以成虫在茶花中越冬。一般10~15天即可完成1代。各虫态历期分别为：卵5~8天，若虫4~5天，蛹3~5天，成虫产卵前期4天。以9~11月发生最多，为害最重，其次是5~6月。成虫产卵于叶背叶肉内，若虫孵化后锉吸芽叶汁液，以2龄时取食最多。蛹在茶丛下部或近土面枯叶下。成虫活泼，善于爬动和作短距离飞行。阴凉天气或早晚在叶面活动，太阳直射时，栖息于茶树下层荫蔽处，苗圃和幼龄茶园发生较多。

（4）防治方法。

①分批及时采茶，可在采茶的同时采除一部分卵和若虫，有利于控制害虫的发展。

②在发生高峰期前喷施40%乐果乳油、80%敌敌畏乳油

1 000倍液，50%马拉硫磷乳油或50%杀螟硫磷乳油1 500倍液，2.5%天王星乳油4 000倍液。安全间隔期相应为10天、6天、10天、10天和6天。

7. 长白蚧

（1）主要症状。以若虫、雌成虫寄生在茶树枝干上刺吸汁液为害。受害茶树发芽稀少，树势衰弱，未老先衰，严重时大量落叶，甚至枯死。

（2）发生特点。长江流域茶区1年发生3代，以老熟若虫在茶树枝干上越冬。翌年3月下旬羽化，4月中下旬开始产卵。第1~3代若虫盛孵期分别在5月中下旬、7月下旬至8月上旬、9月中旬至10月上旬。第1~2代若虫孵化比较整齐。

（3）防治方法。

①苗木检疫：有蚧虫寄生的苗木实行消毒处理。

②加强茶园管理，清蔸亮脚：促进茶园通风透光。对发生严重的茶树枝条及时剪除。

③保护天敌：清除的有虫枝条宜集中堆放一段时间，让寄生蜂羽化飞回茶园。瓢虫密度大的茶园，可人工帮助移植。瓢虫活动期应尽量避免用药。

④药剂防治：掌握若虫盛孵期喷药。可用25%亚胺硫磷、25%喹硫磷、50%马拉硫磷、25%扑虱灵800~1 000倍液。秋末可选用波美0.5度石硫合剂、10~15倍松脂合剂、25倍蒽油或机油乳剂。

8. 角蜡蚧

（1）主要症状。若虫和雌成虫刺吸枝、叶汁液，排泄蜜露常诱致煤污病发生，削弱树势重者枝条枯死。形态特征成虫雌短椭圆形，长6~9.5mm，宽约8.7mm，高5.5mm，蜡壳灰白色，死体黄褐色微红。周缘具角状蜡块：前端3块，两侧各2块，后端1块圆锥形较大如尾，背中部隆起呈半球形。触角6节，第3

节最长。足短粗，体紫红色。雄体长 1.3mm，赤褐色，前翅发达，短宽微黄，后翅特化为平衡棒。卵椭圆形，长 0.3mm，紫红色。若虫初龄扁椭圆形，长 0.5mm，红褐色；2 龄出现蜡壳，雌蜡壳长椭圆形，乳白微红，前端具蜡突，两侧每边 4 块，后端 2 块，背面呈圆锥形稍向前弯曲；雄蜡壳椭圆形，长 2~2.5mm，背面隆起较低，周围有 13 个蜡突。雄蛹长 1.3mm，红褐色。

(2) 发生特点。1 年生 1 代，以受精雌虫于枝上越冬。翌春继续为害，6 月产卵于体下，卵期约 1 周。若虫期 80~90 天，雌脱 3 次皮羽化为成虫，雄脱 2 次皮为前蛹，进而化蛹，羽化期与雌同，交配后雄虫死亡，雌继续为害至越冬。初孵若虫雌多于枝上固着为害，雄多到叶上主脉两侧群集为害。天敌有瓢虫、草蛉、寄生蜂等。

(3) 防治方法。

①做好苗木、接穗、砧木检疫消毒。

②保护引放天敌。

③剪除虫枝或刷除虫体。冬季枝条上结冰凌或雾凇时，用木棍敲打树枝，虫体可随冰凌而落。

④刚落叶或发芽前喷含油量 10%的柴油乳剂，如混用化学药剂效果更好。

⑤初孵若虫分散转移期药剂防治可选用 40%乐果乳油、50%马拉硫磷乳油、50%辛硫磷乳油 1 000倍液，25%扑虱灵可湿性粉剂 1 000倍液，2.5%天王星乳油 1 500~2 000倍液。

(三) 钻蛀性害虫

1. 茶枝镰蛾

(1) 主要症状。幼虫蛀食枝条常蛀枝干，初期枝上芽叶停止伸长，后蛀枝中空部位以上枝叶全部枯死。

(2) 发生特点。茶枝镰蛾又名蛀梗虫。该虫年发生一代，以幼虫在蛀枝中越冬。翌年 3 月下旬开始化蛹，4 月下旬化蛹盛期，5 月中下旬为成虫盛期。成虫产卵于嫩梢 2~3 叶节间。幼虫蛀人嫩梢数天后，上方芽叶枯萎，3 龄后至入枝干内，终蛀近地处。蛀道较直，每隔一定距离向荫面咬穿近圆形排泄孔，孔内下方积絮状残屑，附近叶或地面散积暗黄色短柱形粪粒。

（3）防治方法。

①在成虫羽化盛期，灯光诱杀成虫。

②秋茶结束后，从最下一个排泄孔下方 15cm 处，剪除虫枝并杀死枝内幼虫。

2. 咖啡木蠹蛾

（1）主要症状。幼虫蛀食枝干，形成虫道，并能从一枝转移到另一枝为害。被害枝上有排泄孔，下方地面上常堆积颗粒状虫粪。幼虫蛀食致使茶树茎干中空枯死。

（2）发生特点。1 年发生 1~2 代，以幼虫在枝干内越冬，以老熟幼虫越冬的次年发生 2 代。成虫多在夜间活动，卵产于枝梢上，每处 1 粒，孵化后蛀入梢内为害，向下蛀成虫道，直达枝干基部，枝干外常有 3~5 个排泄孔，零乱排列不齐，排泄孔外多粒状虫粪。幼虫老熟后，先在枝上咬一羽化孔，并吐丝封孔，然后在虫道内作草率化蛹，蛹经 20 天，蛹体蠕动半露于孔外，羽化后飞出交尾产卵。

（3）防治方法。检查枯萎细枝，自最下一个排泄孔下方剪除茶枝，冬春季从近地面处剪去枯萎虫枝，成虫盛发期，可在虫口密度较大的茶园里晚间灯火诱蛾。

3. 茶天牛

（1）主要症状。幼虫蛀食枝干和根部，致树势衰弱，上部叶片枯黄，芽细瘦稀少，枝干易折断，严重时，整株枯死。

（2）发生特点。2 年或 2 年多发生 1 代，以幼虫或成虫在寄主枝干或根内越冬。江西越冬成虫于翌年 4 月下旬至 7 月上旬出现，5 月底产卵，进入 6 月上旬幼虫开始孵化，10 月下旬越冬，下一年8月下旬至9月底化蛹，9月中旬至10月中旬成虫才羽化，羽化后成虫不出土在蛹室内越冬，到第三年4月下旬才开始外出交尾。把卵产在距地面7~35cm、茎粗2~3.5cm的枝干上。卵散产在茎皮裂缝或枝杈上。初孵幼虫蛀食皮下，1—2天后进入木质部，再向下蛀成隧道，至地下33cm以上。在地际3~5cm处留有细小排泄孔，孔外地面堆有虫粪木屑。老熟幼虫上升至地表3~10cm的隧道里，做成长圆形石灰质茧，蜕皮后化蛹在茧中。该天牛在山地茶园及老龄、树势弱的茶园为害重。根茎外露的老茶树受害重。

（3）防治方法。

①成虫出土前用生石灰5kg，硫黄粉0.5kg，牛胶250g，对水20L调和成白色涂剂，涂在距地面50cm枝干上或根茎部，可减少该天牛产卵。

②茶树根际处及时培土，严防根颈部外露和成虫产卵。

③于成虫发生期用灯火诱杀成虫或于清晨人工捕捉。

④从排泄孔注入敌敌畏、乐果等杀虫剂40~50倍液，然后用泥巴封口，可毒杀幼虫。

⑤把百部根切成4~6cm长或半夏的茎叶切碎后，塞进虫孔，也能毒杀幼虫。

（四）地下害虫

1. 铜绿丽金龟

（1）主要症状。铜绿丽金龟主要为害茶苗根部，严重时，常把茶树幼苗的主根或侧根咬断，1~2年生幼龄茶苗也常受害，造成新植茶园缺荚断行或成片缺苗。成虫咬食茶树叶片。

（2）发生特点。铜绿金龟每年生一代，以幼虫在土中越冬。翌年3月继续取食麻蔸，5月开始入土化蛹。6月上旬成虫出现，6月中旬盛发，7月下旬终见。有趋光性，该虫昼伏夜出，把卵散产在土中，每雌产50~60粒卵。7月上旬新一代幼虫出现，7

月中下旬进入孵化盛期，主要为害三麻及下一年头麻。均以幼虫或成虫在土中越冬。越冬成虫于4月下旬出土，5月中旬至6月中旬成虫开始为害，并把卵产在土中，幼虫在10~15cm深的表土层中咬食麻蔸根部，6月上旬至9月上旬为害二麻及三麻，9月上旬化蛹，10月中旬羽化为成虫。黑绒金龟在北京、辽宁、陕西、甘肃等省年生1代，以成虫越冬。翌春4月中旬成虫出土活动，具“雨后出土”习性，4月末至6月上旬为活动盛期，成虫飞翔力强，有趋光性和假死性。长江流域该金龟以幼虫越冬，把卵堆产在受害麻株根部附近的土中，老熟幼虫在地下筑土室化蛹。8月中、下旬开始羽化为成虫，即在原土室内越冬。

(3) 防治方法。

①耕地时人工随犁捡拾蛴螬或放出鸡、鸭啄食。成虫盛发时，利用其假死性，夜晚在集中为害的茶树下，张接塑料薄膜，震落捕杀。

②成虫盛发期，利用其趋光性，傍晚进行灯光诱杀或堆火诱集，必要时，安置黑光灯效果更好。此外，在茶园周围种植蓖麻，对成虫也有较好诱杀效果。发现中毒后要及时处置被麻痹的成虫，防其苏醒。酸菜场对铜绿金龟甲、杨树叶对黑绒金龟甲有诱集作用，可加入少量杀虫剂诱杀。

③有条件的也可用白僵菌、蛴赠乳状杆菌进行土壤处理，也可收到很好效果。注意保护和利用赤黑脚土蜂、黑斑长腹土蜂、黑土蜂等天敌昆虫，进行生物防治。

④成虫发生量大时，可往茶丛上喷洒50%马拉硫磷乳油或75%辛硫磷乳油、40%乐果乳油1 000~1 500倍液，能杀死很多成虫。

虫口密度大的茶园，在幼虫尚未化蛹成虫未羽化出土之前，在茶丛下撒施2. 5%亚胺硫磷粉剂，每丛100g左右，将土耙松。防治幼虫也可结合整地撒施毒土，用敌百虫或敌敌畏、辛硫磷，每亩100~150g，加少量水稀释后拌细土15~20kg撒施，还可结合施肥，用碎饼粉掺入杀虫剂制成毒饵，开沟施入根际土中，诱杀蛴螬。

2. 黑翅土白蚁

（1）主要症状。蚁群在地下蛀食茶树根部，并由泥道通至地上部蛀害枝干。地下根茎食成细锥状，有时被蛀食为蜂窝状，致使树势衰弱，甚至枯死，容易折断。

（2）发生特点。生殖蚁每年3—5月大量出现，4—6月雨水透地后，闷热或阵雨开始前的傍晚出土。先由工蚁开隧道突出地表，羽化孔孔口由兵蚁守卫，生殖蚁鱼贯而出。飞行时间不长即落地脱翅，雌雄配对爬至适当地点潜入土中营建新居，成为新的蚁王和蚁后，繁殖新蚁群。

（3）防治方法。

①清洁茶园：清除茶园枯枝，落叶，残桩，刷除泥被并在被害植株的根茎部位施药。新辟茶园一定要把残蔸木桩清除干净，如原先已有蚁窝要先挖除清理。

②诱杀：在严重地段挖诱杀坑，掩埋松枝，枯枝，芦苇等诱集物，保持湿润，并施入适当灭蚁农药，任工蚁带回巢内毒杀蚁后及蚁群。每年4—6月是有翅生殖蚁的分群期，利用其趋光性，用黑光灯或其他灯光诱杀。

③挖掘巢穴：掌握白蚁在不同地形，地势筑巢的习性，或在白蚁为害区域寻找蚁路，分群孔，挖掘蚁主巢，捕捉蚁王和蚁后。

④药剂喷杀：找到白蚁活动场所，如群飞孔，蚁路，泥线，为害重要的地方，可直接喷洒灭蚁灵，每巢用药量10~30g。

二、常见茶树病害

(一) 茶树叶部病害

1. 茶饼病

茶饼病又名疱状叶病、叶肿病、白雾病。是嫩芽和叶上重要病害，对茶叶品质影响很大，分布在全国各茶区。

(1) 主要症状。茶饼病主要为害嫩叶、嫩茎和新梢，花蕾、叶柄及果实上也可发生。嫩叶染病初现淡黄至红棕色半透明小斑点，后扩展成直径0.3~1.25cm圆形斑，病斑正面凹陷，浅黄褐色至暗红色，背面凸起，呈馒头状疱斑，其上具灰白色或粉红色或灰色粉末状物，后期粉末消失，凸起部分萎缩形成褐色枯斑，四周边缘具一灰白色圈，似饼状，故称茶饼病。发病重时一叶上有几个或几十个明显的病斑，后干枯或形成溃疡。叶片中脉染病病叶多扭曲或畸形，茶叶歪曲、对折或呈不规则卷拢。叶柄、嫩茎染病肿胀并扭曲，严重的病部以上的新梢枯死或折断。

(2) 发生特点。一般发生期在春、秋季。这一时期茶园日照少，结露持续时间长，雾多，湿度大易发病。而偏施、过施氮肥，采摘、修剪过度，管理粗放，杂草多发会引起病重。品种间有抗病性差异。病害通过调运苗木作远距离传播。

(3) 防治方法。

①进行检疫：从病区调进的苗木必须进行严格检疫，发现病苗马上处理，防止该病传播扩散。

②提倡施用酵素菌沤制的堆肥或生物有机肥，采用配方施肥技术，增施磷钾肥，增强树势。

③加强茶园管理，及时去掉遮阴树，及时分批采茶，适时修剪和台刈，使新梢抽出期避开发病盛期，减少染病机会，另外及时除草也可减轻发病。

④低洼的茶园要及时进行清沟排水。

⑤加强预测预报，及时施药防病。此病流行期间，若连续5天中有3天上午日均日照时数小于3小时，或5天日降水量5mm以上时，应马上喷洒20%三唑酮乳油1 500倍液，或70%甲基托布津可湿性粉剂1 000倍液。三唑酮有效期长，发病期用药1次即可，其他杀菌剂隔7~10天1次，连续防治2~3次。非采茶期和非采摘茶园可喷洒12 %绿乳铜乳油600倍液或0.3%的96%硫酸铜液或0.6%~0.7%石灰半量式波尔多液等药剂进行预防。

2. 茶白星病

(1) 主要症状。茶白星病主要为害嫩叶、嫩芽、嫩茎及叶柄，以嫩叶为主。嫩叶染病初生针尖大小褐色小点，后逐渐扩展成直径1~2mm大小的灰白色圆形斑，中间凹陷，边缘具暗褐色至紫褐色隆起线。湿度大时，病部散生黑色小点，病叶上病斑数达几十个至数百个，有的相互融合成不规则形大斑，叶片变形或卷曲。叶脉染病叶片扭曲或畸形。嫩茎染病病斑暗褐色，后成灰白色，病部亦生黑色小粒点，病梢节间长度明显短缩，百芽重减少，对夹叶增多。严重的蔓延至全梢，形成梢枯。

(2) 发生特点。该病属低温高湿型病害，气温16~24℃，相对湿度高于80%易发病。气温高于25℃则不利其发病。每年主要在春、秋两季发病，5月是发病高峰期。高山茶园或缺肥贫瘠茶园、偏施过施氮肥易发病，采摘过度、茶树衰弱的发病重。

(3) 防治方法。

①分批采茶、及时采茶可减少该病侵染，减轻发病。

②提倡施用酵素菌沤制的堆肥，增施复混肥，增强树势，提高抗病力。

③于3月底至4月上旬春茶初展期开始喷洒75%百菌清可湿性粉剂750倍液或36%甲基硫菌灵悬浮剂600倍液、50%苯菌灵可湿性粉剂1 500倍液、70%代森锰锌可湿性粉剂500倍液、25%多菌灵可湿性粉剂500倍液。

3. 茶芽枯病

（1）主要症状。茶芽枯病为害嫩叶和幼芽。先在叶尖或叶缘产生病斑，褐色或黄褐色，以后扩大成不规则形，无明显边缘，后期病斑上散生黑色细小粒点，病叶易破裂并扭曲。幼芽受害后呈黑褐色枯焦状，病芽生长受阻。

（2）发生特点。本病是一种低温病害，主要在春茶期发生。4 月中旬至 5 月上旬，平均气温在 15~20℃，发病最盛。6 月以后，气温上升至 29℃以上时，病害停止发展。春茶由于遭受寒流侵袭，茶树抗病力降低，易于发病。品种间有抗病性差异，一般发芽偏早的品种，如碧云种飞福丁种等发病较重；而发芽迟的品种，如福建水仙、政和等品种发病较轻。

（3）防治方法。

①及时分批采摘，以减少侵染来源，可以减轻发病。做好茶园覆盖等防冻工作，以增强茶树抗病力，减少发病。

②在秋茶结束后飞春茶萌芽期，各喷药 1 次进行保护。发病初期，根据病情再行防治 1~2 次。可选用 70%甲基托布津每亩 75~100g（合 1 500倍液）；50%托布津每亩 100~125g（合 1 000倍液）或 50% 多菌灵每亩 100~125g（合 1 000 倍液），进行防治。

4. 茶云纹叶枯病

茶云纹叶枯病，又称叶枯病。是茶叶部常见病害之一，分布在全国各茶区。

（1）主要症状。茶云纹叶枯病主要为害成叶和老叶、新梢、枝条及果实。叶片染病多在成叶、老叶或嫩叶的叶尖或其他部位产生圆形至不规则形水浸状病斑，初呈黄绿色或黄褐色，后期渐变为褐色，病部生有波状褐色、灰色相间的云纹，最后从中心部向外变成灰色，其上生有扁平圆形黑色小粒点，沿轮纹排列成圆形至椭圆形。具不大明显的轮纹状病斑，边缘生褐色晕圈，病健部分界明显。嫩叶上的病斑初为圆形褐色，后变黑褐色枯死。枝条染病产生灰褐色斑块，椭圆形略凹陷，生有灰黑色小粒点，常造成枝梢干枯。果实染病病斑黄褐色或灰色，圆形，上生灰黑色小粒点，病部有时裂开。茶树衰弱时多产生小型病斑，不整形，灰白色，正面散生黑色小点。

（2）发生特点。一年四季，除寒冷的冬季以外，其余三季均见发病，其中高温高湿的8月下旬至9月上旬为发病盛期。一般7—8月，旬均温28℃以上，降雨量多于40mm，平均相对湿度高于80%易流行成灾。气温15℃，潜育期13天，均温20~24℃，10~13天，气温24℃，5~9天。生产上土层薄，根系发育不好或幼树根系尚未发育成熟，夏季阳光直射，水分供应不匀，造成日灼斑后常引发该病。此外茶园遭受冻害或采摘过度、虫害严重易发病。台刈、密度过大及扦插茶园发病重。品种间抗病性有差异，大叶型品种一般表现感病。

（3）防治方法。

①建茶园时选择适宜的地形、地势和土壤；因地制宜选用抗病品种。

②秋茶采完后及时清除地面落叶并进行冬耕，把病叶埋入土中，减少翌年菌源。

③施用酵素菌沤制的堆肥、生物活性有机肥或茶树专用肥提高茶树抗病力。

④加强茶园管理，做好防冻、抗旱和治虫工作，及时清除园中杂草；增施磷钾肥，促进茶树生长健壮，可减轻病害发生。

⑤在5月下旬至6月上旬，当气温骤然上升，叶片出现旱斑时，可喷第一次药以进行保护。7—8月高温季节，当旬均温高于28℃，降水量大于40mm，相对湿度大于80%时，将出现病害流行，应即组织喷药保护。可选用50%多菌灵可湿性粉剂1 000倍液，或75%百菌清可湿性粉剂800~1 000倍液，或70%甲基托

布津可湿性粉剂 1 500倍液，或 80%代森锌可湿性粉剂 800 倍液。安全间隔期相应为 15 天、6 天、10 天和 14 天。非采摘茶园也可喷洒 0.7%石灰半量式波尔多液。

5. 茶炭疽病

（1）主要症状。茶炭疽病主要为害成叶，也可为害嫩叶和老叶。病斑多从叶缘或叶尖产生，水渍状，暗绿色圆形，后渐扩大成不规则形大型病斑，色泽黄褐色或淡褐色，最后变灰白色，上面散生小形黑色粒点。病斑上无轮纹，边缘有黄褐色隆起线，与健全部分界明显。

（2）发生特点。本病一般在多雨的年份和季节中发生严重。全年以初夏梅雨季和秋雨季发生最盛。扦插苗圃飞幼龄茶园或台刈茶园，由于叶片生长柔嫩，水分含量高，发病也多。单施氮肥的比施用氮钾混合肥的发病重。品种间有明显的抗病性差异，一般叶片结构薄软、茶多酚含量低的品种容易感病。

（3）防治方法。

①加强茶园管理做好积水茶园的开沟排水，秋、冬季清除落叶。

②增强抗病力选用抗病品种，适当增施磷、钾肥。

③药剂防治。

在 5 月下旬至 6 月上旬及 8 月下旬至 9 月上旬秋雨开始前为防治适期。在新梢 1 芽 1 叶期喷药防治，可选用 50%苯菌灵 1 500~2 000倍液，70%甲基托布津 1 000~1 500倍液，有保护和治疗效果。75%百菌清 1 000倍液也有良好的防治效果。上述农药喷药后安全间隔期为 7~14 天。非采摘期还可喷施 0.7%石灰半量式波尔多液进行保护。

6. 茶轮斑病

茶轮斑病又称茶梢枯死病，分布在全国各产茶区。

（1）主要症状。茶轮斑病主要为害叶片和新梢。叶片染病嫩叶、成叶、老叶均可发病，先在叶尖或叶缘上生出黄绿色小病斑，后扩展为圆形至椭圆形或不规则形褐色大病斑，成叶和老叶上的病斑具明显的同心轮纹，后期病斑中间变成灰白色，湿度大出现呈轮纹状排列的黑色小粒点，即病原菌的子实体。嫩叶染病时从叶尖向叶缘渐变黑褐色，病斑不整齐，焦枯状，病斑正面散生煤污状小点，病斑上没有轮纹，病斑多时常相互融合致叶片大部分布满褐色枯斑。嫩梢染病尖端先发病，后变黑枯死，继续向下扩展引致枝枯，发生严重时，叶片大量脱落或扦插苗成片死亡。

（2）发生特点。病菌以菌丝体或分生孢子盘在病叶或病梢上越冬，翌春条件适宜时产生分生孢子，从茶树嫩叶或成叶伤口处入侵，经7~14天潜育引起发病，产生新病斑，湿度大时形成子实体，释放出成熟的分生孢子，借雨水飞溅传播，进行多次再侵染。该病属高温高湿型病害，气温25~28℃，相对湿度85%~87%利于发病。夏、秋两季发生重。生产上捋采、机械采茶、修剪、夏季扦插苗及茶树害虫多的茶园易发病。茶园排水不良，栽植过密的扦插苗圃发病重。品种间抗病性差异明显。凤凰水仙、湘波绿、云南大叶种易发病。

（3）防治方法。

①选用龙井长叶、藤茶、茵香茶、毛蟹等较抗病或耐病品种。

②加强茶园管理，防止捋采或强采，以减少伤口。机采、修剪、发现害虫后及时喷洒杀菌剂和杀虫剂预防病菌入侵。雨后及时排水，防止湿气滞留，可减轻发病。

③进入发病期，采茶后或发病初期及时喷洒50%苯菌灵可湿性粉剂1 500倍液，或50%多霉灵（万霉灵2#）可湿性粉剂1 000倍液，或25%多菌灵可湿性粉剂500倍液，或80%敌菌丹可湿性粉剂1 500倍液，或75%百菌清可湿性粉剂600倍液，或36%甲基硫菌灵悬浮剂700倍液，隔7—14天防治1次，连续防

治2~3次。

7. 茶煤病

茶煤病又称乌油、烟煤病，分布在全国各茶区。

（1）主要症状。茶煤病主要为害叶片，枝叶表面初生黑色、近圆形至不规则形小斑，后扩展至全叶，致叶面上覆盖一层煤烟状黑霉，茶煤烟病有近十种，其颜色、厚薄、紧密度略有不同，其中，浓色茶煤病的霉层厚，较疏松，后期长出黑色短刺毛状物，病叶背面有时可见黑刺粉虱、蚧壳虫、蚜虫等。头茶期和四茶期发生重，严重时茶园污黑一片，仅剩顶端茶芽保持绿色，芽叶生长受抑，光合作用受阻，影响茶叶产量和质量。

（2）发生特点。病菌多以菌丝体和分生孢子器或子囊壳在病部越冬。翌春，在霉层上生出孢子，借风雨传播，孢子落在粉虱、蚧类或蚜虫分泌物上后，吸取营养进行生长繁殖，且可通过这些害虫的活动进行传播，以上害虫常是该病发生的重要先决条件，管理粗放的茶园或荫蔽潮湿，雨后湿气滞留及害虫严重的茶园易发病。

（3）防治方法。

①从加强茶园管理入手，及时、适量修剪、创造良好的通风透光条件；雨后及时排水，严防湿气滞留；千方百计增强树势，预防该病发生。

②及时防治茶园害虫，注意控制粉虱、蚧壳虫、蚜虫等虫害，是防治该病积极有效措施之一。

（二）茶树茎部病害

1. 茶红锈藻病

（1）主要症状。茶红锈藻病主要为害1~3年生枝条及老叶和茶果。枝条染病初生灰黑色至紫黑色圆形至椭圆形病斑，后扩展为不规则形大斑块，严重的布满整枝，夏季病斑上产生铁锈色毛毡状物，病部产生裂缝及对夹叶，造成枝梢干枯，病枝上常出现杂色叶片。老叶染病初生灰黑色病斑，圆形，略突起，后变为紫黑色，其上也生铁锈色毛毡状物，即病菌藻的子实体。后期病斑干枯，变为灰色至暗褐色。茶果染病产生暗绿色至褐色或黑色略凸起小病斑，边缘不整齐。

（2）发生特点。红锈藻菌以营养体在病部组织中越冬。翌年5—6月湿度大时产生游动孢子囊，遇水释放出游动孢子，借风雨传播，落到刚变硬的茎部，由皮层裂缝侵入。于5月下旬至6月上旬及8月下旬至9月上旬出现2个发病高峰。雨量大、降水次数多易发病，茶园土壤肥力不足、保水性差，易旱、易涝，造成树势衰弱或湿气滞留发病重。该菌在南方茶区无明显休眠期。温暖潮湿时形成子实体。形成时期因地区而异。

（3）防治方法。

①建立茶园时，应选择土壤肥沃、高燥的地块。

②提倡施用酵素菌沤制的堆肥或生物有机肥或茶树复混肥。改良土壤结构，提高排水、蓄水能力，增强树势，减轻发病。

③雨后及时排水，防止湿气滞留在茶园中。

④越冬期病枝率大于30%，病情指数高于25，相对湿度70%以上，开始喷洒90%三乙磷酸铝（乙膦铝）可湿性粉剂400倍液或58%甲霜灵·锰锌可湿性粉剂600倍液、64%杀毒矾M：可湿性粉剂500倍液，对上述杀菌剂产生抗药性的茶区可改用72%克露可湿性粉剂700倍液或69%安克·锰锌可湿性粉剂1 000倍液。

2. 茶树地衣和苔藓病

（1）主要症状。地衣、苔藓分布在全国各茶区。主要发生在阴湿衰老的茶园。地衣是一种叶状体，青灰色，据外观形状可分为叶状地衣、壳状地衣、枝状地衣3种。叶状地衣扁平，形状似叶片，平铺在枝干的表面，有的边缘反卷。壳状地衣为一种形状不同的深褐色假根状体，紧紧贴在茶树枝干皮上，难于剥离，如文字地衣呈皮壳状，表面具黑纹。枝状地衣叶状体下垂如丝或直立，分枝似树枝状。苔藓是一种黄绿色青苔状或毛发状物。

(2) 发生特点。地衣、苔藓在早春气温升高至10℃以上时开始生长，产生的孢子经风雨传播蔓延，一般在5—6月温暖潮湿的季节生长最盛，进入高温炎热的夏季，生长很慢，秋季气温下降，苔藓、地衣又复扩展，直至冬季才停滞下来。老茶园树势衰弱、树皮粗糙易发病。苔藓多发生在阴湿的茶园，地衣则在山地茶园发生较多。生产上管理粗放、杂草丛生、土壤黏重及湿气滞留的茶园发病重。

(3) 防治方法。

①加强茶园管理：及时清除茶园杂草，雨后及时开沟排水，防止湿气滞留，科学疏枝，清理丛脚、改善茶园小气候。

②施用酵素菌沤制的堆肥或腐熟有机肥，合理采摘，使茶树生长旺盛，提高抗病力。

③秋冬停止采茶期，喷洒2%硫酸亚铁溶液或1%草甘膦除草剂，能有效地防治苔藓。

④喷洒1∶1∶100倍式波尔多液或12%绿乳铜乳油600倍液。

⑤草木灰浸出液煮沸以后进行浓缩，涂抹在地衣或苔藓病部，防效好。

3. 茶膏药病

(1) 主要症状。全国各茶区均有发生。灰色膏药病：初生白色棉毛状物，后转为暗灰色，中间暗褐色。稍厚，四周较薄，表面光滑。湿度大时，上面覆盖一层白粉状物。褐色膏药病：在枝条或根茎部形成椭圆形至不规则形厚菌膜，像膏药一样贴附在枝条上，栗褐色，较灰色膏药病稍厚，表面丝绒状，较粗糙，边缘有一圈窄灰白色带，后期表面龟裂，易脱落。

(2) 发生特点。病菌以菌丝体在枝干上越冬，翌年春末夏初，湿度大时形成子实层，产生担孢子，担孢子借气流和蚧壳虫传播蔓延，菌丝迅速生长形成菌膜。土壤黏重或排水不良，隐蔽湿度大的老茶园易发病，蚧虫为害严重的茶园发病重。

(3) 防治方法。

①发病重的茶园，提倡重剪或台刈，剪掉的枝条集中烧毁。

②防治茶树蚧壳虫至关重要。

4. 差枝梢黑点病

(1) 主要症状。差枝梢黑点病主要为害茶树枝梢，一般发生在当年生半木质化的红色枝梢上，初生灰褐色不规则形斑块，后向上下扩展，长10~20cm，枝梢全部呈灰白色，其上散生圆形至椭圆形黑色略具光泽的小黑点，即病原菌的子囊盘。

(2) 发生特点。病菌以菌丝体和子囊盘在病部组织内越冬。翌春条件适宜时产生子囊孢子，借风雨传播，侵染枝梢。3月下旬至4月上旬产生新子囊，5月中旬至6月中旬进入发病盛期。气温20~25℃，相对湿度高于80%利于该病发生和扩展。品种间抗病性有差异，发芽早的茶树品种易感病。

(3) 防治方法。

①选用抗病品种如台茶12号。

②及时剪除病梢，携至茶园外集中烧毁。发病重的要重剪，可有效地减少初侵染源，减轻发病。

③采用高畦种植，合理密植；科学肥水管理，提高树势。

④发病盛期及时喷洒50%苯菌灵可湿性粉剂1 500倍液或25%多菌灵可湿性粉剂500倍液、70%甲基托布津（甲基硫菌灵）可湿性粉剂900~1 000倍液。防治1~2次。

5. 茶茎溃疡病

(1) 主要症状。在枝干表面形成浅红褐色不规则形痣状病斑，病斑逐渐扩大，相互愈合，有时将整个枝干包围，后期病斑成黑色，其上散生或聚生椭圆形至圆形小粒点，即病原菌的子座和子实体。

(2) 发生特点。在阴湿的山地茶园发生较多。发生与树势有密切关系。

(3) 防治方法。在病害普遍发生的茶园，可以喷波尔多液防治本病的蔓延。

6. 茶胴枯病

(1) 主要症状。茶胴枯病又称枝枯病，是茶树当年生枝干病害。发病初期在茶树中上部半木质化枝干的近基部生浅褐色至褐色长椭圆形病斑，后扩展成环状，稍凹陷，后期病斑上散生黑色小粒点，即病原菌分生孢子器。发病重的，水分输送受阻，地上部叶片蒸发量大，致病部以上的枝叶枯死。

(2) 发生特点。病菌以分生孢子器或菌丝体在病部越冬。翌春产生分生孢子借风雨传播，条件适宜时孢子萌发从新梢侵入。该病多在 5 月盛发，7—8 月出现枝叶枯死。茶树衰老或地势低洼茶园易发病，通风透光不良或偏施、过施氮肥发病重。

(3) 防治方法。

①加强茶园管理。及时中耕锄草，雨后及时排水，防止湿气滞留，对衰老的茶树要进行修剪或台刈。采用茶树配方施肥技术，合理配施氮磷钾，使茶树生长健壮。

②发病初期春茶采摘前及时喷洒 25%苯菌灵乳油 800 倍液或 36%甲基硫菌灵悬浮剂 600 倍液、50%多菌灵可湿性粉剂 800~1 000倍液；冬季可喷洒 0. 6%~0. 7%石灰半量式波尔多液或 30%绿得保悬浮剂 500 倍液、12%绿乳铜乳油 600 倍液、47%加瑞农可湿性粉剂 700~800 倍液。

(三) 茶树根部病害

1. 茶苗白绢病

(1) 主要症状。茶苗白绢病是一种常见的苗圃根部病害。分布范围广，为害严重。除茶外，尚能为害瓜类、茄科、麻类、烟草、花生等200多种植物。发生在根茎部，病部初呈褐色斑，表面生白色棉毛状物，扩展后绕根茎一圈，形或白色绢丝状菌膜，可向土面扩展。后期在病部形成茶叶籽状菌核，由白色转黄褐色至黑褐色。由于病菌的致病作用，病株皮层腐烂，水分、养分运输受阻，叶片枯萎、脱落，最后全株死亡。

（2）发生特点。主要以菌核在土壤中或附于病组织上越冬，干燥条件下可存活5~6年。第二年春夏之交，温湿度适宜时萌发产生菌丝，沿土隙蔓延或随雨水、灌溉水、农具等进行传播，侵染幼苗根颈部进行为害。高温高湿有利于发病，以6—8月发生最盛。土壤黏重，酸变过大，地势低洼，茶苗长势差，以及前作为感病寄生地，病害发生亦重。

（3）防治方法。选择生荒地或非感病作物的地作苗圃。注意茶园排水，改良土壤，促进苗木健壮，增强抗病力。感病苗圃应及时清除病苗并进行土壤消毒。药剂用50%多菌灵500倍液、0.5%硫酸铜液或70%甲基托布津500倍液。移栽茶苗叶可用20%石灰水浸泡消毒。

2. 茶苗绵腐性根腐病

（1）主要症状。该病主要发生在扦插苗上，当扦插苗形成新根时，幼根呈现茶褐色软腐，病根由圆形变为扁平形，在潮湿条件下上面形成白色棉毛状菌丝体，病根腐烂；病苗地上部分生育不良、叶片黄色至灰褐色，病叶易于脱落，严重时全株枯死。

（2）发生特点

本病在土壤水分过多的情况下发生严重。一般在5—10月均可发生，而以梅雨季节和秋雨季节为发病盛期。春天扦插的茶苗，在发根期正遇秋季高湿期，因此，发病较重。品种间存在着抗病性差异。土壤线虫发生较多的茶树苗圃，根腐病发生较重。

（3）防治方法。

①选择合适的扦插时期，应使扦插后生根的时期避开高温高

湿的季节。

②加强苗床管理防止土壤过度潮湿，浇水时每次浇水量不宜过多。

③床土处理，选用无病新土作为床土。

3. 茶苗根癌病

（1）主要症状。茶苗根癌病主要为害茶苗，在部分茶区发生严重，造成茶苗枯死。以扦插苗圃中常见，主侧根均可受害。病菌从扦插苗剪口或根部伤口侵入，初期产生淡褐色球形突起，以后逐渐扩大呈瘤状，小的似粟粒，大的像豌豆，多个瘤常相互愈合成不规则的大瘤。瘤状物褐色，木质化而坚硬，表面粗糙。茶苗受害后须根减少，地上部生长不良或枯死。

（2）发生特点。根癌病菌在土壤或病组织中越冬。翌年环境适宜时，借水流、地下昆虫及农具传播为害。病菌从苗木伤口或切口处侵入，在组织内生长发育，刺激细胞加速分裂，产生癌瘤。

（3）防治方法。要严格苗木检查，防治地下害虫，减少根系伤口。苗木必要时可用20%石灰水浸根10分钟消毒后再移栽。

4. 茶苗根结线虫病

茶苗根结线虫病分布在全国各茶区，主要为害茶苗。

（1）主要症状。茶苗根结线虫病多在1~2年生实生苗和扦插苗的根部发生，典型特点是病原线虫侵入寄主后，引起根部形成肿瘤即虫瘿。根瘤大小不一，大的似黄豆，小的似菜子，主侧根受害常膨大无须根。须根受害表现病根密集成团，外表粗糙呈黄褐色。根系受害后，皮层组织疏松，后期皮层腐烂脱落，植株死亡。地上部表现植株生长不良，矮小，叶片黄化，旱季常引起大量落叶，最后枯枝死亡。

（2）发生特点。以幼虫在土壤中或卵和雌成虫在根瘤中越冬。翌春气温高于10℃，以卵越冬的在卵壳内孵化出1龄幼虫，蜕皮进入2龄后从卵壳中爬出，借水流或农具等传播到幼嫩的根尖处，用吻针穿刺根表皮细胞，由根表皮侵入根内，同时，分泌刺激物致根部细胞膨大形成根结。这时2龄幼虫蜕皮变成3龄幼虫，再蜕1次皮成为成虫。雌成虫就在虫瘿里为害根部，雄成虫则进入土中。幼虫常随苗木调运进行远距离传播。土温25～30℃，土壤相对湿度40%～70%适合其生长发育，完成1代约需25—30天。生产中沙土常比黏土发病重。3年以上茶苗转入抗病阶段。

（3）防治方法。

①选择未感染根结线虫病的前茬地建立茶园，必要时，先种植高感线虫病的大叶绿豆及绿肥，测定土壤中根结线虫数量。

②种植茶树之前或在苗圃播种前，于行间种植万寿菊、危地马拉草，猪屎豆等，这几种植物能分泌抑制线虫生长发育的物质，减少田间线虫数量。

③认真进行植物检疫，选用无病苗木，发现病苗，马上处理或销毁。

④苗圃的土壤于盛夏进行深翻，把土中的线虫翻至土表进行暴晒，可杀灭部分线虫，必要时把地膜或塑料膜铺在地表，使土温升到45℃以上效果更好。

⑤药剂处理土壤：育苗圃用3%呋喃丹颗粒剂，每亩用2～5kg，与细土拌匀，施在沟里，后覆土压实，有效期1年，但采茶期不准使用。此外还可选用98%～100%棉隆微粒剂，每亩用5～6kg，撒施或沟施，深约20cm，施药后覆土，间隔15天后松土放气，然后种植茶苗。

三、茶叶病虫害的综合防治

1. 农业防治方法

农业防治是指在茶树栽培过程中，利用一系列栽培管理技术，根据茶园环境与害虫、病菌间的关系，有目的地改变某些因子，控制害虫、病菌的为害，以达到保护茶树、防治病虫害的目的。农业防治是茶园病虫害防治最基本的方法，在病虫害防治中占有重要的地位，对于农业防治的任何忽视，都可以成为茶园病虫害加重的原因。

（1）合理种植。合理种植，首先是避免大面积单一栽培。大规模的单一栽培，会由于群落结构及物种单纯化，容易诱发特定病虫害的猖獗。其次，合理种植还包括品种搭配、合理密植和茶园间种等方面。

（2）适时中耕除草。中耕除草可以清除许多害虫、病菌的发源地或潜伏场所。同时，杂草又是许多害虫、病菌寄生繁殖的根据地，若群除杂草、及时深埋可以减少其发生。

（3）适时深耕培土。结合深翻施肥，可将表土和落叶层中越冬的害虫及多种病原菌深埋入土；可将深土层中越冬的害虫暴露地面，使之受不良气候的影响或遭天敌侵袭而死亡，或遭受直接的机械杀伤。在深翻后对茶树根部四周培土，可使土中的越冬蛹无法羽化，或羽化后无法出土。

（4）及时采摘。采摘能较好地抑制芽叶病虫的发生。对达到采摘标准的，要及时分批多次采摘，可明显地减轻多种危险性病虫的危害。经过采摘，可恶化病虫的营养条件，还可破坏害虫的产卵场所和病害的侵染途径，对有病虫芽叶还要注意重采、强采。

（5）清洁茶园。茶园内的枯枝、落叶及间作物的残枝遗骸都是害虫、病菌潜藏的地方，应当在秋冬季结合施肥等项工作，普遍进行清园，将茶园里的杂物集中起来加以处理，对于消灭越冬害虫，减少来年的发生基数有很大的作用。

2. 物理防治方法

物理防治是指从生理学或生态学角度，利用光、热、颜色、温度、声波、放射线等各种物理因子防治害虫的方法。

(1) 人工捕杀或摘除。这种方法用于害虫发生规模不大而集中，或虽发生面积大但零星分散，难以采用其他防治方法时。主要针对那些体形较大、行动迟缓、容易发现、易于捕捉或有群集、假死习性的害虫。

(2) 食饵诱杀。它是利用害虫的趋化性，以饵料诱集害虫，在饵料中加杀虫剂，当害虫食（吸）饵料时，产生中毒而死亡。

(3) 灯光诱杀。灯光诱杀是根据害虫的趋光性设计的一种灭虫措施。一般以白炽灯、日光灯、黑光荧光灯为光源，其中，以黑光荧光灯的诱杀效果最好。

(4) 色板诱杀。色板诱杀的利用是根据害虫对某种颜色光趋性的原理，诱集并杀死害虫。最典型的例子是黄板诱杀蚜虫。

色板诱杀的效果与颜色、板的设置高度、板的设置数量、涂油的种类及气象条件等因素有关，不同害虫受不同类型颜色的吸引，色板的设置高度一般以高于茶蓬表面为好。色板设置的数量必须达到每亩 10 块以上，才有明显的效果。色板设置的方向以当天顺风的方向为好。大风或降大雨时，没有诱杀效果。

(5) 异性诱杀。异性诱杀是指利用昆虫异性间的诱惑能力来诱杀害虫。

3. 化学防治方法

化学防治是利用化学农药对茶树病虫害进行控制的方法。

(1) 化学农药的质量控制。

第一，必须是高效、低毒、低残留、低水溶性的化学农药。

第二，必须明确防治的目标害虫、病菌的种类，在上述原则的前提下，选择可兼治其他害虫、病菌的广谱性农药。

第三，对同一茶园在不同年份或不同季节合理地轮用或混用农药，其作用是在于控制害虫、病菌产生抗性。

第四，不能使用国家明令禁止的农药。其中，国家明令禁止使用的农药包括六六六、滴滴涕、毒杀芬、二溴氯丙烷、杀虫脒、二溴乙烷、除草醚、艾氏剂、狄氏剂、汞制剂、砷、铅类、敌枯双、氟乙酰胺、甘氟、毒鼠强、氟乙酸钠、毒鼠硅、甲胺磷、甲基对硫磷、对硫磷、久效磷、磷胺、苯线磷、地虫硫磷、甲基硫环磷、磷化钙、磷化镁、磷化锌、硫线磷、蝇毒磷、治螟磷、特丁硫磷等。

（2）防治标准的控制。正确掌握茶树病虫害的防治指标是进行化学防治的前提。茶园病虫害防治的目的是控制病虫危害，将有害生物控制在允许的经济阈值以下，并非要彻底消灭某种有害生物的种群。因此，要纠正“见虫就治”“无虫先防”和“治虫不计成本”的错误做法。

（3）防治适期的选择。正确掌握茶树病虫害的防治适期是有效进行化学防治的关键。茶树病虫在其发育生长过程中，往往有一个阶段对化学农药最为敏感，抓住此时机施药防治，就可以收到事半功倍的效果。

4. 生物防治方法

生物防治方法主要利用天敌以虫治虫和生物农药进行防治。

（1）利用天敌。具有较高应用价值的天敌是食虫昆虫、病原微生物以及鸟类、两栖类等脊椎动物和捕食螨、蜘蛛、螳螂等无脊椎动物。

（2）使用生物农药防治。生物农药对茶叶品质和环境不会构成污染，对人、畜的毒性也很低，因而是生产优质茶叶的适用农药。目前，在茶叶生产中应用的生物农药种类有微生物农药、植物源农药和核型多角体病毒等。

①微生物农药：在茶园中应用的微生物农药有：苏云金杆菌、白僵菌、粉虱真菌制剂等。

②植物源农药：常见的有苦参碱、印楝素、鱼藤酮、百部碱、蛇床子素等植物源农药制剂。

③核型多角体病毒：核型多角体病毒无细胞结构，是一类病毒杀虫剂，主要寄生于鳞翅目幼虫。在寄生体内复制增殖，形成蛋白质结晶状的多角体，在细胞核内增殖，然后再感染健康细胞，直至昆虫化脓而死亡。

四、茶叶病虫害预测预报

病虫害的发生、消长有一定的规律可循，基于此，可对应开展茶树病虫的预测预报工作，以提前预防，减少损害。

预测就是调查某种病虫的发生情况，结合已有的历史资料、天气情况等，估计该病虫的发生趋势，确定其发生的区域、时间和程度。预报则是将预测的结果，通过各种形式发送给外界，指导相关单位及时、准确地开展防治工作。病虫害的预测预报是判断病虫情况、制订防治计划和指导防治的重要依据，其好坏直接影响着病虫防治的效果。

1. 预测预报的内容

根据病虫防治的要求，预测预报工作的内容可以分为以下几个方面。

（1）发生期。发生期是指病虫的某一关键虫态或危害状出现的时间。通过发生期预测可以确定防治的最佳时期。在发生期预测中，常将病虫在时间上的分布进度划分为始见期、始盛期、高峰期、盛末期和终见期。其中，始盛期、高峰期、盛末期为主要预报时期，按照发育进度百分率，通常出现16%为始盛期，出现50%为高峰期，出现84%为盛末期。

（2）发生量。发生量是指在某一时期内单位面积上的病虫发生数量。发生量预测的目的是预计病虫未来是否有大规模发生的趋势和是否能达到防治指标，以决定是否需要防治以及需要防治的范围和面积。病虫的数量变化一般与上一代的有效基数、繁殖率、存活量有关，同时，还应考虑栽培耕作制度、气候、天敌数量等因素。

（3）危害程度。在发生期预测和发生量预测的基础上，根据茶树品种的特点、生长发育特性和气象资料等分析，确定易受病虫危害的生育期与病虫盛发期的吻合程度，预测其发生的轻重和危害程度。在实际生产中，病虫害的发生轻重程度一般分为轻发生、中等偏轻发生、中等发生、冲等偏重发生及大发生等级别。

2. 预测预报的方法

根据病虫预测预报的内容，预测预报有各种各样的方法。田间调查法、期距预测法、有效积温预测法和诱集预测法等是茶树病虫害预测预报的主要方法。

（1）田间调查预测法。通过田间实际调查病虫发生的时期、发生数量和危害程度，预测病虫发生的趋势，称为田间调查预测法。又根据调查对象和调查内容的不同，主要有越冬基数调查法和害虫发育进度调查法 2 种。

越冬基数调查法指在秋末冬初，调查统计病虫主要越冬场所的虫口密度或带菌率作为越冬基数，以预测来年病虫发生的情况。

害虫发育进度调查法是通过田间调查发生的幼虫、蛹等各虫态的数量，计算出化蛹率、化蛹时期的动态，推算出成虫羽化、产卵盛期和幼虫发生的高峰期，以确定防治的日期。

（2）期距预测法。害虫由一个虫态发育到下一个虫态或者由前一世代发育到后一世代，需要经过一定的时间；病害从侵入到发病期或者从田间出现发病中心到大面积发生，也需要一定的时间。这一时期所需的天数称为期距。通过调查茶树病虫的前一个发生时期加上期距天数，就可以推断出后一个发生时期，并进一步确定病虫的防治适期。

（3）有效积温预测法。在适宜害虫生长发育的季节里，温度的高低是决定害虫生长发育速度的主导因素。每一种昆虫开始生长发育，都需要温度达到一定值，这个温度称为发育起点温度。高于发育起点温度、适合昆虫生长发育的温度称为有效温度。昆虫完成一定的发育阶段（一个虫期或一个世代），需要一定的时间和一定的有效温度，称为有效积温。每种昆虫完成特定的发育阶段所需的有效积温是一个常数。

有效积温预测法就是根据某种害虫完成一个世代或一定虫期的发育起点温度和有效积温，计算出该种害虫生长到某一阶段所需要的时间，进而预测出防治适期。

(4) 诱集预测法。有灯光诱集预测法、引物诱集预测法和性信息素诱集预测法等几种，主要是利用害虫的趋光性、趋化性以及取食、潜藏、产卵等习性，诱集获得害虫的种类和数量，预测害虫的发生期和发生量。例如，通过灯光诱集法记载每天诱集到的成虫数，获得成虫发生高峰日，然后用历期法预测下一代幼虫孵化高峰期或某一虫态的发生盛期。

3. 预报病虫情况

为了及时反映病虫发生的情况，需要将病虫调查、预测的结果进行综合分析，编写出病虫情报，以文字材料或电子信息的形式，通过邮件、电话、电视、广播、网络等媒介向外界发布，以指导有关生产单位或茶树种植区域及时准确地开展病虫的防治。预报的病虫情况主要包括以下几方面。

第一，预报并介绍主要病虫种类，包括其危害性和发生特点。

第二，提出近期这些病虫的发生情况，并对比历年资料，说明发生早晚和轻重。

第三，综合气象、茶树生长和天敌等条件进行科学分析，预测发生程度和发生趋势。

第四，提出防治时期和防治方法的建议。

第四节　茶树抗冻和抗旱栽培管理

一、茶树抗冻的栽培管理

1. 冻害对茶树的影响和危害

冻害是茶树遭受的主要天气灾害。茶树遭受冻害后，轻则影响茶叶产量和品质，重则造成严重落叶乃至全株枯死。茶树冻害根据茶树的生长季节可分为越冬期冻害和萌芽期冻害，后者对当年春茶的产量和品质影响最大。

2. 茶树冻害的类型

茶树冻害可分为寒害、冰冻、风冻、霜冻和雪栋几种类型。

（1）寒害。茶树在其生育期间遇到反常的低温而遭受的灾害，低温一般在零度以上，如春季的寒潮，秋季的寒露风等。

（2）冰冻。雪后连日阴雨结冰，茶农称为“小雨冻”。受害1~2天叶片变为赤褐色。

（3）风冻。茶农又称“乌风冻”，是在强大寒潮的袭击下，气温急剧下降而产生的冻害。最初叶片呈青白色而干枯，继而变为黄褐色。

（4）霜冻。夜间地面或茶树植株表面的温度急剧下降到零度以下，在叶面上结霜，或虽没结霜而引起茶树受害或死亡，称之霜冻。有“白霜”和“黑霜”之分，有霜的霜冻称为白霜，没有霜的霜冻称为黑霜（又称暗霜）。

（5）雪冻。形成覆雪—融化—结冰—解冻—再结冰的雪冻灾害。

3. 茶树冻害预防措施

（1）选用抗寒良种。这是解决茶树受冻的根本途径。一般来说，冬季易发生冻害的地区，应引种纬度较北或海拔较高地方的品种。最好选择无性系抗寒品种，如福鼎大白茶、巴渝特早等。

（2）茶园铺草。利用柴草、秸秆、稻草、厩肥等铺盖茶树行间及根部，铺草量 1 500~2 000kg/亩，铺时，近茶树根部要厚些，以利于提高土壤温度，保持土壤湿度，减轻冻土程度和深度。

（3）茶园熏烟。熏烟的作用是在茶园空间形成烟雾，防止热量的辐射扩散，利用“温室效应”预防冻害，效果明显，方法是当晚霜来临之前，气温降至 2℃左右时进行，根据风向、地势、面积设堆点火，既防晚霜冻又积肥。

（4）覆盖防冻。可用稻草、杂草、薄膜或遮阳网等进行蓬面覆盖，开春后及时揭去覆盖物，以达到防止茶树受冻，促进茶树春季早发芽、发壮芽，实现春茶优质高产。

4. 冻害补救技术措施

（1）整枝修剪。按茶树受冻害程度分别对待。对冻害程度较轻和原来有良好采摘面的茶园，采用轻修剪，清理蓬面，以利茶芽萌发。修剪程度宁轻勿深，尽量保持采摘面。对受害较重的则应进行深修剪或重修剪甚至台刈。修剪和折枝所留下的伤口应涂保护剂，如 1∶1∶10 的波尔多液或 3~5 波美度的石硫合剂或多菌灵等。

（2）浅耕施肥。冻害给茶树带来一定的创伤，应及时进行浅耕施肥。春茶萌芽期冻害发生后，在整枝修剪的同时，应及时喷施叶面肥或追施速效肥，对于无公害茶园，每亩追施尿素 20~25kg，对恢复茶树生机和茶芽萌发及新梢生长均有促进作用。

（3）培养树冠。茶树受冻后经过轻修剪的茶树，春茶采摘应留 1 片大叶，夏、秋茶则按常规采摘，这样既有利于养好树冠，又可多采高档名优茶，减少由于冻害造成的损失。

（4）综合防治病虫害。茶树发生冻害后，易发生炭疽病等病害和蚜虫、螨类、天牛等虫害。及时进行清园，清除枯枝落叶，集中焚烧；清园后用波尔多液或50%的多菌灵800倍液全园喷施一次，可有效防治病害。对于虫害可用药剂喷杀、灯光诱杀、人工捕捉等方法防治。

（5）调整茶类结构。针对冻害可能造成山区开采推迟、减产的实际，应采取多制高档茶，通过提高收入和效益来减少冻害损失。

二、茶树抗旱的栽培管理

1. 茶树旱害的类型

（1）旱害。旱害是指在长期无雨或少雨的气候条件下，造成茶树生长受阻、植株死亡以致茶叶减产的气象灾害。茶树是一种常绿叶用植物，对水分有很高的需求，当茶园土壤和大气缺水时，就不能按需供给茶树水分，出现旱害，将使茶叶生产受到影响。

（2）热害。热害是旱害的一种特殊表现形式，危害时间短，一般只有几天，就能很快使植株枝叶产生不同程度的灼伤干枯。当气温上升到茶树所能忍耐的最大限度（日温高于35℃）时，湿度又低，持续多天就会出现热害。

热害常常容易被人们所忽视，认为热害就是旱害，其实两者既有联系，又有区别。旱害是由于水分亏缺而影响茶树的生理活动，热害是由于超临界高温致使植物蛋白质凝固，酶的活性丧失，造成茶树受害。

茶树旱害的发生症状可归纳为两点：一是叶片焦斑界限分明，但部位不一；二是受害过程是先叶肉后叶脉，先嫩叶后老叶，先叶片后顶芽嫩茎，先上部后下部。

2. 新建茶园时的防御措施

（1）选用耐旱良种。选育具有较强抗旱性的茶树品种，是提高茶树抗旱能力的根本途径。茶树扎根的深度影响无性系的抗寒性，根浅的对干旱敏感，根深的则较耐旱。另据报道，耐旱品种叶片上表皮蜡质含量高于易旱品种，在蜡质的化学性质研究中，发现了咖啡碱这一成分以耐旱品种含量为高，所以，茶树叶片表面蜡质及咖啡碱含量与抗旱性之间有一定的关系。据研究，茶树叶片的解剖结构，如栅栏组织厚度与海绵组织厚度的比值、栅栏组织厚度与叶片总厚度的比值以及栅栏组织的厚度、上表皮的厚度等均同茶树的抗旱性呈现一定的关联性。根据茶园地形和茶园气候条件，因地制宜选择适宜的茶树品种，可增强茶树抵御自然灾害的能力。

(2) 合理密植。合理密植，能合理利用土地，协调茶树个体对土壤养分、光能的利用。施行茶园密植，能迅速形成覆盖度较大的蓬面，从而减少土壤水分蒸发，防止雨水直接淋刷，防止水土流失。同时，茶树每年大量的落叶回归土壤表层，对土壤有机质的积累、土壤结构改良和土壤水分保持均起巨大的作用。

(3) 建立灌溉系统，增强茶树抗逆性。在茶园旁边挖掘蓄水池，有雨水的时候可以储存雨水，在干旱无雨的时候可以用喷灌的方式灌溉茶园，改善茶园小气候，增强茶树的抗旱能力，保证茶树物质循环、正常生理代谢对水分的需求，促进茶树生长发育。建立灌溉系统，能减轻受旱程度，保护茶树，增强采摘指数，降低损失。

(4) 茶园铺草，调节土壤温、湿度。茶园铺草，能够调节土壤温、湿度。特别是在坡地茶园铺草更能起到保持水土、减少养分流失和调节土壤温度的效果。铺草比不铺草能提高茶园土壤含水量7%~9%，冬季增温0.5~2.5℃，夏季降温0.4~2.2℃，有利于茶树根系生长发育，增强茶树的抗逆性。铺草还能缓解有机质的矿化，增加土壤腐殖质的积累，改善土壤理化性状，防止杂草生长。

(5) 种植绿肥。在行间适当种植夏季高秆绿肥，如田菁、木豆等，既能遮阴又能透光。

(6) 使用外源物质，提高茶树抗旱能力。在茶树上使用抗蒸腾剂、抗旱剂、保水剂等，能不同程度地提高茶树的抗旱性。

3. 现有茶园的挽救措施

对于已经遭受旱害的茶树，应及时采取挽救措施。如在旱情解除后，视受害程度的轻重，适当修剪掉一部分枝叶可以减少茶树蒸腾耗水，通过定型和整形修剪，迅速扩大茶树本身对地面的覆盖度，不仅能减少杂草和地面蒸腾耗水，而且能有效地阻止地表径流；及时施用速效性氮、钾肥料，可使受害茶树迅速恢复生机，促进新梢萌发，培育树梢；还可根据当年受害程度采取留叶采摘或提早封园的办法，养好新梢，恢复树势；结合深耕，增加基肥，增强茶树抗旱能力。对于受害严重的幼年茶园，应采用补植或移栽归并，保持良好的园相。

第五节　低产茶园改造

低产茶园改造的原则为改树、改园、改土、改管相结合，以改造树冠为中心，土壤改良为重点，其他综合技术措施为辅助。

一、改造树冠

茶树可分为地上部分（树冠）和地下部分（根系）两部分，茶树的改造包括树冠改造和根系改造 2 个方面。

1. 地上部分（树冠）的改造

采用台刈、抽刈、重修剪和深修剪等措施，改造复壮树冠。

(1) 台刈。适宜于衰老严重的茶树，这类茶树枝干灰白，有严重的回枯现象，寄生有较多的苔藓、地衣，多数枝条育芽能力衰弱，根系向根茎部萎缩，即使增施肥料，茶叶产量和品质也不高。方法：在离地面5cm处剪去地上部分的全部枝干，刺激根颈部潜伏芽抽发新枝。

（2）抽刈。适宜于衰老和半衰老茶树，改造时，剪除粗老枝，在更新枝距地面30cm处修剪。

（3）重修剪。适宜于半衰老和未老先衰的茶树，这类茶树一般树龄不大，多数枝条活力尚旺，所以，可以利用较重的修剪，刺激新梢萌发，养成新的树冠。方法是在离地30~40cm处剪去地上部分，对原来茶丛比较小的茶树，也可以剪去原有树高的1/2。

（4）深修剪。适宜于树冠"鸡爪枝"丛生，生产枝细弱，育芽能力低，新梢出现大量的单片和对夹叶，而茶树骨干枝仍然生长比较旺盛的茶树。根据树势衰老程度，一般剪去树冠面10~15cm的新梢。

2. 地下部分（根系）的改造

"根深叶茂，本固枝荣"。茶树树冠与根系的关系是密不可分的，低产茶园在更新树冠的同时，根系亦应得到更新复壮，才能维持地上部分与地下部分平衡生长。根系的更新改造应结合改土进行，深耕深度30~40cm，促进土壤熟化。

二、清园除草

杂草野树生长快，生命力极强，是茶树生长的大敌。我县的低产茶园大多是由于多年的粗放管理，造成茶园杂草野树丛生、茶树衰老。除草便成为茶园管理的重要任务，方法有2种。

1. 人工锄草

用锄头或镰刀除去茶园内的全部杂草和杂树，集中堆积成肥，腐熟后可回施茶园。

2. 化学除草

可选用草甘膦克无踪等药类，喷施除草剂时，需带定向喷雾罩，防止药液喷洒在茶树叶面层。

三、改良土壤

1. 耕锄

为了改善茶园土壤板结，通气差、肥力低等状况，须进行深耕。方法：全园深耕 30~40cm，同时，清除草根、树根和石块，促使风化熟化。

2. 砌坎保土

低产茶园大多由于地处山坡，开垦和种植不合理，产生一定程度的水土流失。因此，应视茶园情况因地制宜开展改造，一般实行挖茶行内土砌外沿，形成宽幅或窄幅梯级茶园，达到“保土、保肥、保水”。

3. 结合深耕施基肥

茶园改造后，茶树经受一定创伤。为了促进新梢萌发，根系再生和土壤改良都需要充足的营养物加以保证，因此，茶园改造必须结合深耕、改土等措施重施有机复合肥，适当配施氮、磷、钾等化肥。肥料施量：改造后茶园施厩肥或沤肥 2 000~2 500kg/亩，或磷肥 100~500kg/亩，并在新枝萌发后，根据茶季及时进行追肥。

四、改造后的管理

改造低产茶园，是为了达到“高产、优质、高效”的目的，这就必须加强改造后的茶园管理，以充分发挥改造的作用。增施肥料，合理剪采，病虫防治促使改造技术进一步发挥效益，是巩固茶树改造成效的主要管理措施。

1. 增施肥料

茶树经树冠改造后，重新萌发新枝，形成树冠，需补充更多的营养成分，要在施用氮肥的基础上，增加磷钾肥的比重，特别要注重增施有机肥。

2. 修剪养蓬

茶园改造后要按照新植茶园培养树冠的要求，采用修剪和打顶养蓬方式培养树冠，直至茶树树冠养成后才能正式投产。重修剪、台刈后，当年茶树可达50~60cm，应于距地面40cm处定型修剪，以后每年提高10~15cm修剪，至树冠高达60cm，幅度达75cm正式投产。

3. 合理采摘

树冠改造后的1~2年，应把采摘看作是一项培养树冠的技术措施，“以养为主”为原则，控制主枝生长，增加分枝密度，提高生产枝的数量，当茶树高度、树冠幅度（蓬面）达到开采标准时，方可正式投产开采。如果提前开采，会造成茶树矮小，采摘蓬面小，单产低，且树势很快再次衰老，结果达不到改造目的。

4. 病虫防治

茶树改造后，新生枝叶幼嫩繁茂，容易引发各种病虫的发生与危害，因此，要加强茶园病虫的检查和防治工作。

第四章　茶叶规模生产采收管理

第一节　采摘标准与适制茶类

茶树是多年生常绿木本植物，一年中茶树可分若干次采摘，当季采茶对下季的芽叶萌发及其产量、质量有影响，而当年的采摘又会对下一年度甚至更长时间的茶树生长发育及产量、质量产生影响，所以，必须高度重视合理科学采茶。

一、合理采摘的意义

茶树在年生育周期中，新梢的生长有 2 个基本的特性：一是顶端生长优势；二是多次萌发生长，这两者之间是相互联系的，同时，又与环境条件密切相关。

新梢生长时，顶芽最先萌发，生长也最快。顶芽的旺盛生长，抑制了侧芽的生长，使侧芽生长缓慢，甚至呈休止潜伏状态。及时采去顶芽，改变生长素和激动素的极性传导和分配状况，就可解除顶端生长优势，促进侧芽的生长。

茶树新梢在一年中能多次萌发生长。萌发次数的多少，除受品种特性、树龄、树势制约外，主要受环境条件的影响。茶树在自然生长条件下，一般萌发 2~3 次；而在采摘的情况时，可萌发 4~6 次。

因此，合理采摘也就是利用茶树生长的顶端优势和多次萌发生长的生物学特性，通过人为手段，解除顶芽的生长优势，促进侧芽的生长，达到多采茶、采好茶的目的。

二、采摘的标准

采摘芽叶的大小和老嫩度是根据不同茶类的不同要求而确定的，也就是不同茶类有不同的采摘标准。茶叶采摘标准决定于茶类对新梢嫩度与品质的要求和产量因素，主要分为细嫩采、适中采、成熟采、特种采。

1. 细嫩采

细嫩采主要是名优茶的采摘标准。细嫩指茶芽初萌发或初展1~2嫩叶时就进行采摘的标准。例如，特级龙井要求为1芽1叶，芽比叶长，长度在2.5cm以下；一级龙井为1芽1~2叶（初展），芽比叶长，长度在3cm以下。

2. 适中采

适中采主要是大宗茶的采摘标准。当新梢伸展到1芽3~4叶时，采下1芽2~3叶及同等嫩度的对夹叶。这个标准的茶叶产量相对较高，品质较好，经济效益也比较高。

3. 成熟采

成熟采主要是边销茶的采摘标准。如茯砖茶原料采摘标准需等到新梢快顶芽停止生长，下部基本成熟时，采去1芽4~5叶和对夹3~4叶。这种采摘方法，采摘批次少，前期产量较高，但由于对茶树生长有影响，有效年限不长。主要适用茶品有：酥油茶原叶等。

4. 特种采

特种采是指一些特种的采摘标准。采摘标准是在新梢长到顶芽停止生长，顶叶尚未“开面”时采下2~4叶比较适宜，俗称“开面采”。全年采摘批次不多，产量不高。主要适用茶品有乌龙茶、黑茶等。

同时，茶树的树龄和生长势也应在制定茶树采摘标准的考虑范围内。例如，幼年茶树在最初1~2年通常只养不采，3~4年开始打顶轻采；树势生长良好的成年茶树，可按采摘标准开采。假如茶树生长势衰弱，则适当留养，实行轻采。

三、采摘的时期

茶树的季节性很强，不违农时及时抓住开采时期与各批次的采摘周期，适时停采，是采好茶的关键。采摘时期是指茶树新梢生长期间，根据采摘标准，留叶要求，掌握适宜的年、季开采期，采摘周期及停采期。

1. 开采期

由于我国各茶区气候条件不同，开采的时间也差别很大。即使在同一地区，也因茶树品种等的不同而没有一致的开采期。通常认为，在手工采茶的情况下，茶树开采期宜早不宜迟，以略早为好。当茶园中有5%的新梢达到采摘标准，甚至更低的比例，就可以开始采摘。

云南茶区通常多在2月下旬至3月上旬开采，长江中下游地区则在3月下旬至4月上旬开采，而靠北的山东胶南地区由于萌芽开始在4月下旬，因而，开采期相对较迟。在同一茶区，一般早芽种开采早，迟芽种开采迟。以养为主的幼年茶树，采摘轻，开采迟；以高产为目的的成年茶树，采摘重，开采早。

2. 停采期

茶园停采期又称封园期，适用于我国茶树新梢生长具有季节性的广大茶区，是指在一年中，结束一年茶园采摘工作的时间。停采期的迟早，关系着当年产量、茶树生长以及下年产量的多少。因此，必须根据当地气候条件，管理水平，青、壮、老不同茶树年龄的实际生长期，可采轮次等，制定出不同的停采期，不宜统一停采。例如，管理好、树势壮、留养好、早霜期较迟的茶园，停采期可略微推迟。为增加当年产量，一般可采至最后一轮或提前一轮结束，茶区通常可采到白露或秋分左右；树势弱、管理差、早霜期早或需要继续培养树势的茶园，为留养秋梢，可适当提前 1~2 轮结束，以扩大树冠或复壮树势，达到提高或稳定来年产量的目的。江南茶区的停采时间通常在 10 月上旬，根据杭州茶叶试验场的经验，如果在采 10 月秋茶时出现炒青 6 级原料，应少采或不采，不然会出现增产不增值。南方的广东茶区，则可采到 12 月。而在海南岛，如果肥培管理条件较好，同时，年年进行轻修剪，则没有固定停采期，全年皆可采茶。

3. 采摘周期

茶树新梢生育具有轮次性。不同品种茶树的发芽有早有迟，即便是同一品种或同一茶树，发芽也因枝条强弱的不同而快慢有别。甚至同一枝条也由于营养芽所处的部位不同，不可能在一致发时间芽。一般情况下，主枝先发，侧枝后发；强壮枝先发，细弱枝后发；顶芽先发，侧芽后发。根据茶树发育不一致的特点，通过分批多次采，做到先发先采，先达标准的先采，未达标准的后采，是提高茶叶产量和质量的重要措施。

旺采期茶的采摘周期因茶树品种、气候、肥培管理等条件而不同。萌芽速度快的品种，不能间隔太长时间；气温高，茶芽生长快，采摘周期应短；肥培管理好，水肥充足，生长较快，可相应增加采摘批次。

第二节　手工采摘

手工采茶是传统的茶树采摘方法。采茶时，要实行提手采，分朵采，切忌一把捋。这种采摘方法，它的最大优点是标准划一，容易掌握。缺点是费工，成本高，难以做到及时采摘。但目前细嫩名优茶的采摘，由于采摘标准要求高，还不能实行机械采茶，仍用手工采茶。

一、采摘方法

根据茶树新梢被采摘强度，分为打顶采摘法、留真叶采摘法、留鱼叶采摘法。

1. 打顶采摘法

打顶采摘法，如图 4-1 所示，等新梢即将停止生长或新梢展叶 5~6 片叶子及以上时，采去 1 芽 2~3 叶，留下基部 3~4 片以上大叶。为促进分枝、培养树冠，采摘时应把握采高养低、采顶留侧的要领。一般每轮新梢采摘 1~2 次。

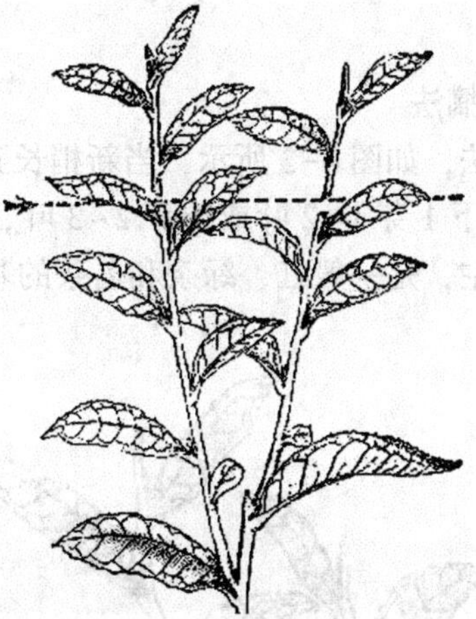

图 4-1 打顶采摘法

2. 留叶采摘法

留叶采摘法，如图 4-2 所示，当新梢长到 1 芽 3~4 叶或 1 芽 4~5 叶时，采去 1 芽 2~3 叶，留下基部 1~2 片大叶。因留叶数量和留叶季节的不同，此法又分为留 1 叶采摘法和留 2 叶采摘法等，具有采养结合的特点。

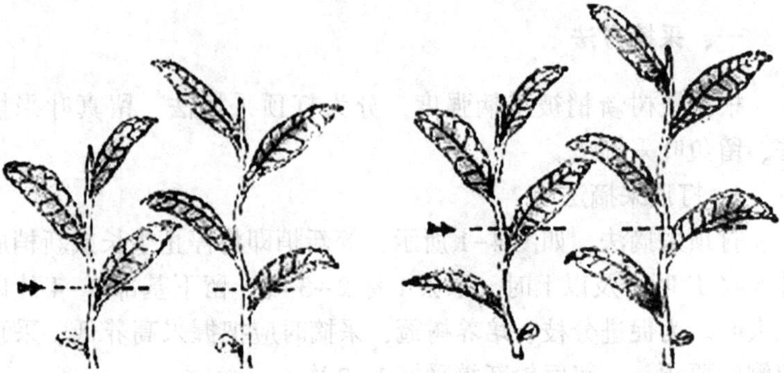

（a）留 1 叶采摘法　　　　（b）留 2 叶采摘法

图 4-2　留叶采摘法

3. 留鱼叶采摘法

留鱼叶采摘法，如图 4-3 所示，当新梢长到 1 芽 1~2 叶或 1 芽 2~3 叶时，采下 1 芽 1~2 叶或 1 芽 2~3 叶，只把鱼叶留在树上。此法以采为主，是一般红、绿茶和名茶的基本采摘方法。

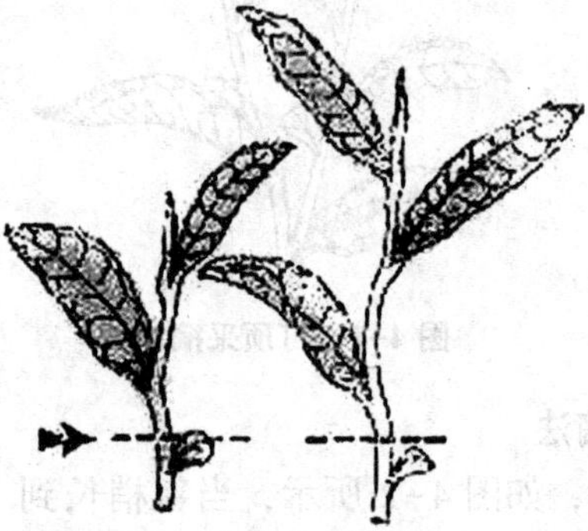

图 4-3　留鱼叶采摘法

二、采摘手法

因手指的动作，手掌的朝向和手指对新梢着力的不同，形成有各种不同的方式，主要有折采、提手采和双手采。

1. 折采

折采也称掐采，如图 4-4 所示，左手按住枝条，用右手的食指和拇指夹住细嫩新梢的芽尖和 1~2 片细嫩叶轻轻地用力掐下来。凡是打顶采、撩头采都采用这种方法。此法采量少，效率低，是采名贵细嫩茶最常用的方法。

图 4-4　折采

2. 提手采

提手采，如图 4-5 所示，掌心向下或向上，用拇指、食指配合中指，夹住新梢要采的节间部位向上着力投入茶篮中。又分为直采和横采2种，直采是用拇指和食指夹住新梢的采摘部位，手掌掌心向上，食指向上稍为着力，所采的芽叶便落在掌心上，摘满一手掌后随即放入茶篮中；横采手法与直采相同，唯掌心向下，用拇指向内左右摘取索要采摘的芽叶，或用食指向内向上着力采摘芽叶。此法是手采中最普遍的方法，目前大部茶区的红绿茶，适中标准采，都采用此法。

图 4-5 提手采

3. 双手采

双手采，左右手同时放置在树冠采摘采面上，运用提手采的方法，两手互相配合，交替进行，把合标准的芽叶采下，具有采茶速度快、效率高的优点。掌握双手采方法的关键在于锻炼，主要经验是：思想集中，眼到手到，采得准、采得快，手法快而稳，不落叶、不损叶。双手操作时，两手不能相隔过远，两脚位置要适当，自然移动。此法主要用于优质茶生产，不适合只采芽或1芽1叶的名茶生产。

三、按标准及时采

茶树的新芽可以不断萌发，采期长，可以多年、多季和多批次采摘。一方面，将符合标准的新梢及时采下，可以加速腋芽与潜伏芽的萌发，缩短采摘间隔期，使茶叶产量得到有效提高；另一方面，茶叶采收的季节性很强，从春茶中后期开始至秋茶期间，气温较高，芽叶生长快，符合要求的新梢如不及时采下，芽叶就会老化，品质变差。因此，实行按标准及时采茶，是茶园优质高产的重要保证。

及时采茶没有统一的标准，应根据实际情况的变化适时调整。具体来说，一是看气温变化。特别是春茶期间，更要引起注意。二是看降雨情况。夏、秋季气温较高，如果降水量多，则茶芽萌发多。三是看新梢生长状况。每亩茶园有2~3kg鲜叶可采时，可进行撩头采，如有10%~15%的新梢符合采摘标准，即为开采适期。

四、分批多次采

茶树发芽是不一致的，因此，应当分批进行采摘，以使加工的鲜叶原料整齐均匀。分批采茶还有利于采摘、加工的劳力安排与茶厂的合理利用。受品种、气候、土壤、肥培水平、所加工的茶类等因素的综合影响，茶园一个茶季或一年的采摘批次有所不同。例如，同等条件的茶园，采摘大宗绿茶的批次就比采摘名优绿茶要少；气温平常的年份的采摘批次就比春季气温相对较高的年份要多。目前，在专业生产龙井茶的产区，全年采摘在20~36批，其中，春茶采摘5~12批，夏茶采摘4~8批，秋茶采摘10~16批。

第三节　机械采摘

近年来，机械采茶愈来愈受到茶农的青睐，机采茶园的面积一年比一年扩大。如果操作熟练，肥水管理跟上，机械采茶对茶树生长发育和茶叶产量、质量并无影响，而且还能减少采茶劳动力，降低生产成本，提高经济效益。

一、机采的茶园条件

符合机械采摘的茶园应是平地或坡度不超过15°的缓坡条栽茶园，梯级茶园梯面宽在2m以上。茶园的种性较纯、发芽整齐、生长势强。树高保持60~80cm，行间保留15~20cm。3次定型修剪后的新种植茶园，也可采用机械采摘。投产已有较长时间的生产茶园，或因其他原因导致树势衰败的茶园，应先通过重修剪等措施进行改造，待符合要求后再实行机械采摘。

二、机采适期的确定

机采时期与茶叶产量、品质和经济效益关系极大，需根据品种、茶类、茶季、采摘批次等多种因子综合考虑确定。如生产大宗红、绿茶的茶区，春茶期间当有80%的新梢符合采摘标准、夏茶期间当有60%的新梢符合采摘标准时为机采适期。春茶机采之前，可以先用手工采摘法采下早发芽，用以加工名优茶。

机采批次也要根据品种、茶类、等级、新梢生育等情况灵活掌握。一般大叶种茶区一年采摘6~7次，中、小叶种茶区一年采摘4~6次，其中，春茶采摘1~2次，夏茶采摘1次，秋茶采摘2~3次。

三、机采的方法

1. 采茶机械

采茶机械有许多不同的类型，应根据茶园的实际条件，区分是幼龄茶园还是生产茶园，合理地选用采茶机。单人操作的小型采茶机械较为适合坡度较大的茶园；双人抬式采茶机适用于平地茶园和缓坡茶园；以扩大树冠为主的幼龄茶园，适宜用平型采茶机；以采摘鲜叶获取产量为主要目的的生产茶园，应该选用弧型采茶机（平型树冠的茶园只能选用平型采茶机）。另外，机采茶园一般采用修剪机进行轻修剪。修剪机的选型应与采茶机相配套，即平型采茶机配平型修剪机，弧型采茶机配弧型修剪机。

2. 采茶方法

机械采茶的主要方法包括剪采、单人采茶机、双人采茶机等。

（1）剪采。剪采是指应用采茶铗（可用竹片替代）采茶的一种方式。使用采茶铗采茶时，左右手分别握住下方与上方的刀片木柄，右手同时，抓住集叶袋的出叶口，先靠左侧向前采收，到茶行终点后，接着靠另一侧往回采收，即一条茶行分 2 次在两侧采茶。

（2）单人采茶机。如图 4-6 所示，单人采茶机的操作需要两人配合，一人双手持采茶机头采茶，另一人提集叶袋协助机手工作。采茶时，机头在茶行蓬面作“Z”字形运动，从茶行边部采向中间，分别在两侧各采 1 次。采摘作业时，通常采用机手倒退、集叶手前进的方式在茶行间行走。一般 1 台单人采茶机约可管理茶园 25 亩。

（3）双人采茶机。如图 4-7，双人采茶机通常需要 3~4 人共同工作，包括 1 名主机手、1 名副机手和 1~2 名集叶手。采茶时，主机手与副机手分别在茶行的两侧，主机手背向机器前进方

图 4-6　单人采茶机

图 4-7　双人采茶机

向倒退作业，并掌握机采切口的位置；副机手面向前进方向，与主机手保持 40~50cm 的距离，使采茶机与茶行保持 15°~20°的夹角；集叶手的主要工作是协助机手采茶或装运采下的茶叶，应走在主机手一侧的茶行间。每条茶行在两侧来回各采 1 次。一般 1 台双人采茶机约可管理茶园 80 亩。

四、机采茶园的留养

机采茶园多数为中、高产茶园，对高产赖以维持的叶层、叶面积指数要求较高；一般要求叶层至少在 10cm 以上，叶面积指数 3~4；如不能维持这一指标，就应适当增加留叶量。

机采茶园较理想的留养方法是提早封园，留蓄秋梢，即在秋季留养一轮秋梢不采或留 1~2 张大叶采，使茶树留有足量的叶片制造有机物质，以保持旺盛的生长势。

1. 幼龄茶树

以培养树冠为目的，应以养为主，以采为辅，适当打顶采摘。采摘时应注意采高养低、采密养稀、采内养外、采瘦养壮、采中间养四边。

2. 投产茶园采摘

以采为主，采养结合。留叶标准为春、秋茶留鱼叶，夏茶叶留一叶。这种留叶方法的结果是产量高、品质好、经济效益好，树势能保持长期稳产，能提高茶树的抵抗能力。每次采摘，都应及时采净对夹叶。年终最后一批茶叶，采后就修剪的，不留叶全部采下嫩叶，另行加工；采后封园的，留一片真叶。为降低茶树营养消耗，每季采茶结束时应对细弱密集的芽叶翻蓬搜采，使茶蓬松散、通风透光。

3. 多次补种缺株的茶园采摘

由于茶园多次补缺，树龄不一，高幅参差。小茶树都处于不同的定型修剪时期，应予留养不采或区别大小打顶。打顶时对低分枝、外围枝要严格控制，不能将小茶树的芽一扫而光。同时，应画出生长差的地段留养，并派专人在留养期间对其中的大茶树进行拣采。

第四节　鲜叶验收与贮运

一、鲜叶的质量指标

鲜叶嫩度、匀度、净度和新鲜度是衡量鲜叶的主要质量指标，其中，以嫩度最为重要。

1. 鲜叶嫩度

鲜叶嫩度是茶叶加工对鲜叶要求的主要指标。从内在成分来鲜叶嫩度以纤维素含量表示，纤维素含量越高，鲜叶就越粗老。当然也可从芽叶色泽和叶质柔软程度进行判断。一般芽叶色泽呈黄绿色要比呈绿色鲜叶嫩度好，而绿色的鲜叶要比深绿色的嫩度好；叶质柔软的要比叶质硬的鲜叶嫩度好。在鲜叶质量的感官评定时，一般用芽叶组成来判断，若一芽一叶或更嫩的芽头比例越高则鲜叶也就越嫩。故不少茶厂在制定鲜叶等级标准时，主要依据就是鲜叶组成分析，同时，参考鲜叶净度、匀度和新鲜度。不同的茶类和茶叶等级，对鲜叶嫩度有不同的要求。如加工较高等级名茶，要求鲜叶一般以1芽1叶初展到1芽2叶初展为主；较高等级优质茶，要求鲜叶以1芽1叶和1芽2叶为主；而普通的红、绿茶则要求鲜叶以1芽2~3叶为主。

2. 鲜叶匀度

鲜叶匀度是指当鲜叶质量一致的程度。一是指采自同一品种，尤其是采自同一无性系良种、同一生长条件和长势茶树的同样嫩度的鲜叶，表示匀度好；二是采自不同茶树，但采摘标准一致，所采鲜叶某种芽叶占绝大多数，大小均匀，芽叶色泽也较一致，也表示匀度好。这一点在茶叶加工中很重要，尤其是名优茶加工，一定要求鲜叶匀度好，只有拥有匀度良好的鲜叶，才能使成茶芽头大小整齐划一，干燥程度一致，外形美观，给人以美感。

3. 鲜叶净度

鲜叶净度是指鲜叶内不夹带杂物，纯净一致的程度。若茶园管理水平低，杂草丛生或病虫为害严重，采摘时，往往会把长在茶树上的杂草或受病虫为害的芽叶一起带人，从而会造成鲜叶净度差；当然，有时盛装鲜叶的容器的边屑或鲜叶贮存过程中杂物混入，也会造成净度差。任何质量良好的茶叶，都要求用净度好的鲜叶进行加工，特别是不能有非茶类夹杂物。

4. 鲜叶新鲜度

鲜叶新鲜度是指鲜叶从茶树上采下后理化性状变化的程度。茶叶加工要求鲜叶新鲜度良好，以保证茶叶加工品质。

二、鲜叶的验收和装运

1. 鲜叶的验收

鲜叶采下后，有的是由采茶工直接送人茶厂，并由茶厂设专职验收员对鲜叶进行验收，然后统一进厂贮存、摊放和付制；有的茶厂则是鲜叶的过秤、验收在茶园中进行，鲜叶收购后运回茶厂加工。

当在茶园进行鲜叶验收时，鲜叶过秤、验收处应设在遮阳阴凉处，避免阳光直晒，并注意鲜叶的临时妥善贮存。鲜叶的验收原则是：以鲜叶嫩度和芽叶组成为主要依据，并按照鲜叶分级标准要求，通过看、摸、嗅相结合的感官评定方法，确定鲜叶是否合格及其级别。

2. 鲜叶的装运

优质茶加工对鲜叶有严格的要求，所以，鲜叶的运输必须使用清洁的运输工具。鲜叶在装载前必须对运输工具进行清洁以保证干净，并做好清洁的记录。在运输过程中，要用专用的茶筐和茶篓（鲜叶篓应是硬壁，有透气孔，每篓装叶不超过20kg）盛装鲜叶，注意防止挤压、机械碰撞及其他物质污染鲜叶。到达加工厂后，应及时将鲜叶摊放在干净的竹席或摊青用具上。不同地块的鲜叶应分别放置，不得混淆，并放好标志以便区分，加工时应分别按地块加工。

收进的鲜叶，一定要用透气竹筐盛放，装叶时，要仅装到筐内八成满，不要压实。竹筐的大小要与运输车相匹配，装满车厢要立即运往茶厂贮存和摊放。

三、鲜叶的贮存和摊放

验收进厂的鲜叶，应严格按品质、产地、采摘时间、茶树长势和鲜叶级别等分别贮存和摊放。

1. 鲜叶的贮存

从鲜叶采摘到初制，相隔时间愈长，鲜叶的新鲜度愈差，内含有效成分的损失愈多。因此，鲜叶进厂验收分级后，应立即进行初制，最好做到现采现制。如果因客观条件限制，无法及时初制时，必须采用低温贮存。

贮存鲜叶的地方应该满足阴凉、湿润、空气流通、场地清洁、无异味污染等要求。有条件的企业可设专门的贮青室。

贮青室要求坐南朝北，不受太阳直接照射，保持室内较低温度，最好是有一定倾斜度的水泥地面，以便于冲洗。贮青室面积一般按 $20kg/m^2$ 鲜叶计算。

2. 鲜叶的摊放

鲜叶摊放是茶叶加工尤其是名优茶加工的一道不可缺少的工序。

(1) 鲜叶摊放的目的。使鲜叶作适当轻微萎凋，适度减少鲜叶含水率，使叶质柔软，便于揉捻造型。同时，鲜叶经过摊放，能使茶多酚轻度氧化，水浸出物和氨基酸增加，青臭气散发，大部分香气物质逐步增加，对成茶外形色泽、内质风味均有积极的增进作用。

（2）鲜叶摊放方法。将采回的鲜叶及时均匀地摊放在坐南朝北、阴凉通风、清洁避光的竹匾、竹席或光洁的地板上，厚度通常为3~5cm，摊放程度必须达到失水率10%~15%的标准，摊放时间通常为8—24小时。为使鲜叶水分均匀地散出，摊放4~6小时应轻轻翻叶1次，翻叶过重会损伤芽叶，产生红变，影响成茶品质。如果天气干燥，茶叶来不及炒制，可以不翻叶，但应关闭门窗。摊放若干小时之后，一部分鲜叶由于失水较多，开始干瘪，可以用手轻轻抓起，先行炒制。

鲜叶细嫩的高档名优茶，应堆放在软匾、簸篮或篾垫上，而不宜直接堆放在水泥地面上。摊放厚度要适当，气温低的春季可以适当摊厚些。摊放的环境的空气相对湿度应在90%左右，室温在15℃左右，叶温不宜超过30℃。

就茶区而言，一般南方茶区鲜叶含水率高，摊放时间要适当长一些；而北方茶区，鲜叶含水率较低，摊放时间要适当短一些，甚至不进行摊放或运回茶厂仅作1—2小时摊放就投入加工。

第五章　茶叶规模生产加工管理

第一节　茶叶的命名与分类

一、茶叶的命名

我国茶区幅员辽阔，茶叶众多，各地区茶叶的命名方式也不尽相同。主要的命名方式如下。

茶叶按其“形状”来命名的为多，如珍眉、瓜片、紫笋、雀舌、松针、毛峰、毛尖和银峰等，它们都是以外观形状来命名的。

通过形容色香味的茶叶命名也为数不少，如黄芽、敬亭绿雪，形容其干茶色；黄汤，是指其汤色；云南十里香、安徽舒城兰花香和安溪香橼，是指其香气；泉州绿豆绿、安溪桃仁、江华苦难茶，是指其滋味。

名茶在命名时，还冠以地名，这种命名方法古今都有。唐代名茶，有寿州黄芽和绍兴日铸；宋代名茶，有六安龙芽和顾渚紫笋；近代，有南京雨花茶、安化松针、信阳毛尖、六安瓜片等。古时已有的杭州龙井、洞庭碧螺春和武夷岩茶等，今仍袭用。

茶有以采摘时期不同命名的，如古时的探春、次春和现在的明前、雨前；或以采制季节分别命名为春茶、夏茶和秋茶等。

有依制茶技术不同命名的，如炒青、烘青、蒸青、晒青、功夫茶、窨花茶等。

还有依茶树不同而命名的，如乌龙、水仙、铁观音、毛蟹等。

茶的品种繁多，同一品类的茶可有十余个名目。如各地销售的绿茶，外形和内质都差不多，叫法都不同，有毛峰、雀舌、龙芽、莲芯、麦粒、蜂翅等多种名称。也有茶叶品质不同而茶名相同的，如青茶有莲芯，绿茶也有莲芯；绿茶有银针，黄茶、白茶也有银针；红茶有小种，青茶也有小种；绿茶有贡尖，黑茶也有贡尖。

二、茶叶的分类

茶叶种类的划分有多种方法。按照出产地，可分为江苏茶、浙江茶、无锡茶、宜兴茶、马山茶等；按照成熟季节，可分为春茶、夏茶、秋茶、冬茶、明前茶、雨前茶等；按照外形，可分为针形茶、扁形茶、球形茶、卷曲形茶等；按照品种，可分为铁观音、大红袍、毫茶等；按照加工程度，可分为初加工茶、精加工茶、再加工茶及深加工茶等。但现在习惯上最多的以加工工艺将茶叶分为六大类（图 5–1），即绿茶、红茶、乌龙茶、黑茶、黄茶和白茶。

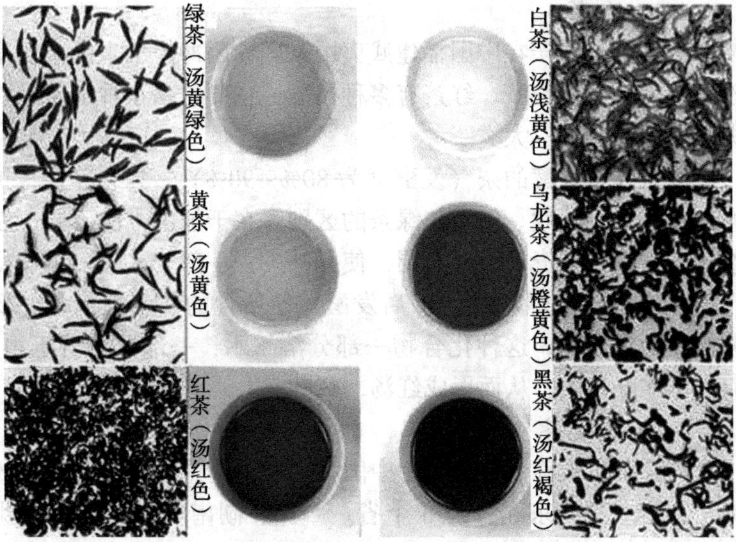

图 5–1　六大茶类

（一）绿茶

绿茶是我国产量最多的茶叶种类，在我国多个地区都有出产。我国绿茶花色品种之多居世界之首，每年出口数万吨，占世界茶叶市场绿茶贸易量的70%左右。绿茶的种类大概包括紫阳毛尖茶、六安瓜片、日照绿茶、龙井茶、湄潭翠芽、蒙洱茶、碧螺春、信阳毛尖等。

绿茶是不发酵茶（发酵度为0），保留着比较多鲜叶的天然营养物质，其茶汤清绿，具有多种保健功效，还可以防辐射。绿茶具有香高、味醇、形美、耐冲泡等特点。其制作工艺包括杀青、揉捻、干燥的过程。由于加工时干燥的方法不同，绿茶又可分为炒青绿茶、烘青绿茶、蒸青绿茶和晒清绿茶。我国传统绿茶——眉茶和珠茶，以香高、味醇、形美、耐冲泡等特点，深受国内外消费者的欢迎。

（二）红茶

红茶最早出产在中国福建武夷山茶区，因冲泡出来的茶汤呈现红色，故名为红茶。红茶有多种类型，主要包括小种红茶、功夫红茶和红碎茶三大类。

红茶是全发酵的茶（发酵度为80%~90%），具有养胃、抗癌、抗衰老等功效。红茶与绿茶的区别，在于加工方法不同。红茶加工时不经杀青，而且萎凋，使鲜叶失去一部分水分，再揉捻（揉搓成条或切成颗粒），然后发酵，使所含的茶多酚氧化，变成红色的化合物。这种化合物一部分溶于水，一部分不溶于水，而积累在叶片中，从而形成红汤、红叶。

（三）乌龙茶

乌龙茶也被称为青茶，为中国特有的茶类，主要产于福建的闽北、闽南及广东和台湾3个省。四川、湖南等省也有少量生产。乌龙茶除了内销广东、福建等省外，主要出口日本、东南亚和中国港澳地区。主要生产地区是福建省安溪县等地。乌龙茶包括铁观音、安溪铁观音、武夷岩茶、白毫乌龙茶等。

乌龙茶是一种半发酵的茶（发酵度为30%~60%）。其制作工艺为萎凋—做青—杀青—揉捻—干燥。制作时，只经过适当发酵，使叶片稍有红变。乌龙茶是介于绿茶与红茶之间的一种茶类。它既有绿茶的鲜浓，又有红茶的甜醇。因其叶片中间为绿色，叶缘呈红色，故有“绿叶红镶边”之称。

（四）黑茶

黑茶因成品茶的外观呈黑色，故得名。主产区为四川、云南、湖北、湖南、陕西、安徽等省。传统黑茶采用的黑毛茶原料成熟度较高，是压制紧压茶的主要原料。黑茶按地域分布，主要分类为湖南黑茶（茯茶、千两茶、黑砖茶、三尖等）、湖北老黑茶、四川藏茶（边茶）、安徽古黟黑茶（安茶）、云南黑茶（普洱茶）、广西六堡茶及陕西黑茶（茯茶）。

黑茶是一种后发酵的茶（发酵度为100%）。其基本工艺流程是杀青、揉捻、渥堆和干燥。黑茶一般原料较粗老，加之制造过程中往往堆积发酵时间较长，因而叶色油黑或黑褐。黑茶主要供边区少数民族饮用，所以，又称边销茶。黑毛茶是压制各种紧压茶的主要原料，各种黑茶的紧压茶是藏族、蒙古族和维吾尔族等兄弟民族日常生活的必需品，有“宁可三日无食，不可一日无茶”之说。

（五）黄茶

黄茶在我国很多地区都有出产。因为经过制茶过程，茶叶呈现黄色，黄汤也呈现黄色，所以称为黄茶。其按鲜叶老嫩芽叶大小又分为黄芽茶、黄小茶和黄大茶。黄芽茶主要有君山银针、蒙顶黄芽和霍山黄芽、远安黄茶；如沩山毛尖、泉城红、泉城绿、平阳黄汤、雅安黄茶等均属黄小茶；而安徽皖西金寨、霍山、湖北英山和广东大叶青则为黄大茶。黄茶的品质特点是“黄叶黄汤”。

黄茶是一种微发酵的茶（发酵度为10%~20%）。黄茶加工工艺近似绿茶，只是在干燥过程的前或后，增加一道“闷黄”的工艺，促使其多酚叶绿素等物质部分氧化。其加工方法近似于绿茶，其制作过程为：杀青—揉捻—闷黄—干燥。黄茶的杀青、揉捻、干燥等工序均与绿茶制法相似，其最重要的工序在于闷黄，这是形成黄茶特点的关键，主要做法是将杀青和揉捻后的茶叶用纸包好，或堆积后以湿布盖之，时间以几十分钟或几个小时不等，促使茶坯在水热作用下进行非酶性的自动氧化，形成黄色。

（六）白茶

白茶是中国茶农创制的传统名茶，是指一种采摘后，不经杀青或揉捻，只经过晒或文火干燥后加工的茶。具有外形芽毫完整，满身披毫，毫香清鲜，汤色黄绿清澈，滋味清淡回甘的品质特点。白毫银针、寿眉、白牡丹等都属于白茶。

白茶是一种轻微发酵茶（发酵度为20%~30%）。因其成品茶多为芽头，满披白毫，如银似雪而得名。主要产区在福建省福鼎、政和、松溪、建阳、云南省景谷等地。基本工艺包括萎凋、烘焙（或阴干）、拣剔、复火等工序。云南白茶工艺主要晒青，晒青茶的优势在于口感保持茶叶原有的清香味。萎凋是形成白茶品质的关键工序。

第二节　茶叶加工厂基本要求与设备

茶叶是一种直接冲泡饮用的高档饮品，也是一种特殊的农产品，应该按照食品加工标准来要求茶叶加工。茶叶加工应参照《中华人民共和国食品卫生法》《食品企业通用卫生规范》（GB14881）和《无公害食品茶叶》（NY5017）等标准进行规划设计，不断提高我国茶叶加工厂的建设水平。

一、加工厂规划建设的顺序

首先，根据生产需要，确定所设计茶厂生产的茶类、年产量、高峰茶叶日产量及茶叶加工工艺，在此基础上确定茶叶加工设备配套方案，并完成生产线设计。然后，根据生产线和设备的要求进行茶叶用房完成总体方案设计基础上，进行茶厂厂区总体方案布置，使其建筑物、道路、绿化等在整体上井然有序，能够满足茶叶加工工艺和环境生态要求。应绝对避免未作茶叶加工工艺设计及其选型和生产线设计前，就盲目进行车间和其他厂房的设计和建造。

二、加工厂规划建设的要求

1. 选址环境要求

加工厂应选择地势干燥、交通方便的地方，远离污染源，离开交通主干道 20m 以上。离开经常喷洒农药的农田 100m 以上。加工厂所处的大气环境和水源要符合国家要求。

2. 厂区布局

厂区应根据加工要求合理布局，生产区与生活区隔离。加工厂的设计和建筑符合国家标准。厂区应整洁，干净，无异味，道路硬化，排水通畅，厂区绿化。厂房和设备布局与工艺流程和生产规模相适应，能满足生产工艺、质量和卫生要求。厂房选择合理，朝向，锅炉房，厕所等处于生产车间下风口。厂房布局防止毗邻车间相互干扰。

3. 生产车间的规划

茶叶初制生产车间一般由贮青间、加工车间、干燥车间、包装车间、更衣室、人行参观通道等组成，初、精制加工车间面积、高度应与加工产品种类、生产能力和设备安置相适应。茶叶初、精制加工车间地面应采用耐磨、防滑的坚固材料修筑，地面应硬实、平整、光洁，无裂缝，易于清洁。

生产车间有足够面积的原料、辅料、半成品和成品仓库或场地。大型加工设备的烧火口（炉灶）、垫风炉、燃料堆放场应置于车间墙外，有压锅炉另设锅炉房。

车间的照明、通风、除尘、排湿、噪声控制和门窗设置等均需符合相关要求。

4. 加工设备要求

直接接触茶叶的设备和用具用无毒、无异味，不污染茶叶的材料制成。

5. 卫生管理和加工人员要求

加工厂应有卫生行政部门发放的卫生许可证，制定并明示相应的卫生管理制度。茶叶加工及有关人员应持有效的健康检查证书。

加工厂配有相应的更衣、盥洗设施和污水排放、垃圾及废弃物存放等设施。

加工人员进入车间应换工作装、戴工作帽，净手，换鞋。精制、包装车间工作人员还要求戴口罩上岗。

三、茶叶加工基本设备

1. 六大茶类加工基本设备

（1）绿茶加工应具备萎凋、杀青、做形、干燥设备。

（2）红茶加工应具备揉切（红碎茶）、揉捻（条形红茶）和干燥设备。

（3）乌龙茶加工应具备做青、杀青、揉捻、干燥设备。

（4）黑茶加工应具备杀青、做形、干燥设备。

（5）黄茶加工应具备萎凋、杀青和干燥设备。

（6）白茶加工应具备萎凋和干燥设备。

2. 再加工茶类基本设备

（1）花茶加工应具备筛分和干燥设备。

（2）紧压茶加工应具备筛分、压制、干燥设备、锅炉。

3. 茶叶精制基本设备

茶叶精制应具备筛分、风选、切轧、拣梗、干燥设备。

4. 茶叶包装基本设备

茶叶包装应具备称量、包装设备。

第三节 绿茶加工

一、绿茶加工的基本原理

绿茶的清汤绿叶品质特征，是在加工过程中逐步形成的，了解绿茶加工的有关原理，才能更好地把握这些过程，从而获得良好的绿茶品质。

1. 绿茶色泽的形成

绿茶要求干茶绿翠，茶汤碧绿，叶底嫩绿，这三者是密不可分的。绿茶的色泽，有的是茶叶内含物质所具有的，有的是在加工过程中转化而来的。绿茶的加工过程，并不是保留鲜叶原有的自然色泽。

鲜叶内含的色素有两类：一类是不溶于水的脂溶性色素，如叶绿素、叶黄素、胡萝卜素类；另一类是水溶性色素，包括花黄素和花青素类。这两类色素在加工过程中都会发生变化，其中，变化较深刻、对绿茶色泽影响较大的是叶绿素的破坏和花黄素的自动氧化。

叶绿素原是脂溶性色素，在高温杀青的条件下，色素与叶绿体蛋白基质的结合容易破坏，发生分解，形成有一定亲水性的叶绿醇和叶绿酸，使其部分溶解而进入茶汤。当叶细胞组织经揉捻破坏后，茶汁附着叶表，冲泡后有部分悬浮于茶汤之中，是绿茶茶汤呈绿色的原因之一。

绿茶初制过程中，因高温湿热影响，特别是经杀青、毛火、揉捻工序后叶绿素减少较多，是绿茶变黄绿的原因之一。所以，在加工过程中，应控制湿热对叶绿素的破坏，保持绿茶翠绿色泽。

在杀青过程中，叶温若不能快速升高，酶活性不能及时钝化，则多酚类化合物就会发生酶促氧化，导致红梗红叶红汤，影响绿茶品质。

2. 绿茶香气的形成

构成绿茶香气的成分较复杂，有些是鲜叶中原有的，有的却是在加工过程中形成的。绿茶特有的香气特征是叶中所含芳香物质的综合反映。

鲜叶内的芳香物质有高沸点和低沸点芳香物质 2 种，前者具有良好香气，后者带有极强的青臭气。绿茶加工过程中，经高温杀青，低沸点的青叶醇、青叶醛等大量散失，最后在绿茶中仅剩下微量的青气和清香，两者混在一起给人以鲜爽的感觉。加工过程中，随着低沸点芳香物质的散失，具有良好香气的高沸点芳香物质显露出来，如苯甲醇、苯丙醇、芳樟醇等。这类高沸点芳香物质是构成绿茶香气的主体物质。同时，加工过程中，叶内化学成分发生一系列化学变化，生成一些使绿茶香气提高的芳香新物质，如成品绿茶中有紫罗兰香的紫罗酮、茉莉茶香的茉莉酮等。

茶叶炒制中，叶内的淀粉会水解成可溶性糖类，在受热条件下产生糖香。火温过高时会产生老火茶或高火茶，糖类转化成焦糖香、焦香，一定程度上会掩盖其他香气，故干燥过程中要掌握好火候。

3. 绿茶滋味的形成

绿茶滋味是由叶内所含可溶性有效成分进入茶汤而构成的。

它与茶叶色、香密不可分，滋味好的绿茶，一般色泽、香气也较好。

绿茶滋味主要由多酚类化合物、氨基酸、水溶性糖类、咖啡碱等物质综合组成。这些物质各有自己的滋味特征，如多酚类化合物有苦涩味和收敛性，氨基酸有鲜爽感，糖类有甜醇滋味，咖啡碱微苦。绿茶的良好滋味是这些物质相互结合、彼此协调后综合表现出来的。多酚类化合物是茶叶中可溶性有效成分的主体，在加工过程中的热作用下，有些苦涩味较重的脂型儿茶素会转化成简单儿茶素或没食子酸，一部分多酚类化合物也会与蛋白质结合成为不溶性物质，从而减少苦涩味。同时，加工过程中，部分蛋白质水解成游离氨基酸，氨基酸的鲜味与多酚类化合物的爽味相结合，构成绿茶鲜爽的滋味特征。

二、绿茶加工的主要工序

绿茶种类繁多，加工技术不尽相同，但绿茶初制一般都包括杀青、揉捻、干燥等 3 个主要工序。

1. 杀青

杀青是绿茶加工的第一道工序，也是绿茶品质形成的关键工序。

（1）杀青目的。一是利用高温钝化鲜叶中酶的活性，从而制止鲜叶中茶多酚的酶促氧化，使加工叶保持色泽绿翠；二是利用叶温的升高，促进鲜叶中内含成分的转化，散发青臭气，发展香气；三是蒸发部分水分，使叶质柔软，韧性增强，便于下一工序的揉捻成条和做形。

（2）杀青方法。目前，绿茶杀青作业，除少数的名优绿茶尚保留手工杀青外，大多数已采用机械杀青。目前，绿茶杀青方法主要有炒青、蒸青、微波、热风等，以炒青方法最为常用。炒青主要有连续式滚筒、间歇式滚筒、锅式杀青等几种，其中，以连续式滚筒最为常用。近年来，蒸汽、热风、微波等杀青方式也广泛运用于绿茶杀青。

(3) 杀青叶品质判别。杀青叶品质是绿茶成茶品质的基础，正确认定和判别杀青程度和杀青叶品质很重要。生产中通常采用感官方式对杀青叶品质和杀青程度进行判定。一般情况下，适度杀青的杀青叶，叶色暗绿，手捏叶质柔软，略有黏性，梗可弯曲而不断，紧握则成团，略有弹性，青气消失，略带茶香。

2. 揉捻

在绿茶加工中，除少数名优绿茶的揉捻是结合做形和干燥工序进行外，一般都是加工过程中不可缺少的工序。

(1) 揉捻目的。通过揉捻，卷起茶条，初步形成条索，缩小体积，为成茶的美观外形奠定基础；同时，适当破坏杀青叶的叶细胞组织，部分茶汁流出附于茶条表面，使成茶冲泡时茶汁较容易泡出。

(2) 揉捻方法和技术。绿茶加工中的揉捻作业，有手工揉捻和机械揉捻 2 种方法。目前，除一些名优绿茶加工尚少量保留手工揉捻外，绝大多数已实现机械化作业。

①手工揉捻：手工揉捻适合于少量绿茶或部分名优绿茶的揉捻作业。手工揉捻在揉捻台上进行，作业时，用单手或双手将茶叶握在手心，在揉捻篾片上向前方推揉，使茶团在手心中翻转，揉到一定程度解块一次，使加工叶不结块。

②机械揉捻：机械揉捻使用茶叶揉捻机进行。机械揉捻时，要求机内装叶量适当，“嫩叶适当多投，老叶适当少投”，加压要“轻—重—轻”，并且“嫩叶宜冷揉轻揉”“老叶宜热揉重揉”，尤其是一些名优绿茶加工，一定要“轻压短揉”。

3. 干燥

干燥是绿茶初制加工的最后一道工序。

(1) 干燥目的。一是为进一步蒸发去除茶叶中的水分，使成茶的含水率达到规定的标准，以便贮存和保管；二是通过干燥过程，使加工叶进一步成形，而叶内的化学成分将继续发生热物理和化学变化，最后形成并固定绿茶所特有的色、香、味、形。

（2）干燥方法。绿茶的干燥方法较多，同时，所应用的炒干机械和烘干机械的类型也较多。最常用的有炒干、烘干及烘炒结合等方法。目前，除少部分名优绿茶尚保留手工方法在炒锅内或用烘笼进行干燥外，大部分绿茶（包括大部分名优绿茶）的干燥作业，均已应用机械操作进行。

三、名优绿茶的加工技术

按照采摘和加工精细程度的不同及消费领域的不同，绿茶可分为名优绿茶和大宗绿茶。名优绿茶是我国茶叶的一朵奇葩，其加工技术精湛，品质优异、风格独特，色香味形俱佳，深受消费者的喜爱。名优绿茶按外形大致可分为扁形、条形、卷曲形、针形等。名优绿茶均要求芽叶幼嫩，以单芽、1 芽 1 叶、1 芽 2 叶为主。

1. 扁形名优绿茶

扁形名优绿茶（图 5-2）外形扁平光滑，挺秀尖削，均匀整齐，色泽嫩绿，顶叶包芽，冲泡汤色黄绿明亮，清香持久，滋味甘醇爽口，叶底成朵微黄绿，故有“色绿、香郁、味醇、形美”四绝之称。扁形名优绿茶以西湖龙井茶最为著名。

（1）工艺流程。扁形名优绿茶加工的主要工艺流程为摊放→杀青→青锅→辉锅→精选等。

（2）加工技术。摊放是名优绿茶加工的第一道工序。将鲜叶均匀地平铺在篾制的竹帘上，厚度为 3～5cm，置于阴凉通风处，一般摊放 4～6 小时。当感觉叶质由生硬变为较柔软，叶色稍有变暗，青气转弱，清香略显时，即可进行杀青作业。

扁形名优绿茶加工有手工和机械 2 种方式。

图 5–2 扁形名优绿茶

①手工制作：

杀青　杀青在电炒锅中进行，锅温 100~120℃，锅壁先擦拭少量的茶叶炒制专用油，高档原料每锅投叶量 100g 左右，以抖炒为主，炒制 3~4 分钟即可改变手法，进行青锅作业。

青锅　青锅仍在电炒锅中进行。当杀青作业结束，鲜叶的酶活性钝化后，将温度降至 80℃左右，先用抖、带、甩手法，交替进行，2~3 分钟后，改用搭、拓、抹、捺等手法，交替进行，进行初步整形，将茶叶理直，适当压扁。炒至茶叶舒展扁平，稍有触手感，七八成干即可起锅摊凉半小时。

辉锅　主要是整形和炒干。辉锅时锅温 60~80℃，先高后低，高档茶坯投叶量为 250~300g，中级以下投叶稍多一点，锅温适当提高。手法以捺、抹、推、荡为主。锅温要平稳，起锅前略升高，以提高香气，待茶条外形扁平光滑，色泽翠绿，手捻成粉，含水量为 6%以下即可起锅，完成炒至。中级茶在手法上适当加强，并结合推、抓等手法。

②机械加工：扁形名优绿茶加工机械有杀青机、理条机、提

香机等。

杀青　扁形名优绿茶杀青，通常采用连续式滚筒杀青机、微波杀青机、蒸汽杀青机等。杀青技术因不同杀青机械而不同，杀青要求青气消失，清香显露，紧捏叶子成团，松手可自动弹开，含水量60%左右。

青锅　青锅采用理条机，锅温要求110～120℃，11槽理条机一次投叶1.2～1.5kg，均匀地加入锅中，理条机往复频率每分钟120次左右，开始3分钟不加棒，即不加压炒制，待叶子转为柔软时，降低往复频率，投入轻压棒轻压2分钟左右，然后取出轻压棒不加压1～2分钟，使水分散发，此后再加轻压棒炒制4～6分钟，当茶条外形基本扁平挺直，取出轻压棒，再炒制1分钟后出锅。整个青锅时间10～12分钟。

辉锅　采用理条机或扁形茶专用成形机。使用理条机辉锅，其锅温100℃左右，往复频率每分钟100次左右，1槽理条机一次投叶1～1.5kg青锅叶，炒制1分钟后，待叶子柔软，投入轻压棒加压炒制，1～2分钟，然后取出轻压棒不加压炒制1分钟，这时茶条已有触手感，则可加入重棒炒制7～8分钟，在槽底已见稍有茶末时，取出重棒，炒制手捻茶叶成粉，含水率6%以内即可。采用机械辉锅，操作得当，成茶外形一般能达到扁平、紧直的要求。但一般情况下，机械辉锅成品茶往往会扁平有余、磨光不足，色泽青绿或暗绿。为克服以上不足，在理条机辉锅至九成干时出锅，然后转入电炒锅中辅以人工磨光，达到足干要求，时间需要15分钟左右，这样机手结合炒制的扁形绿茶，品质较高。

2. 条形名优绿茶

条形名优绿茶（图5-3）外形条索紧卷弯曲，芽叶完整、白毫显露，汤色黄绿明亮，香气清高持久，滋味鲜爽回甘，叶底嫩绿明亮。条形名优绿茶以毛峰茶为代表。

图 5-3　条形名优绿茶

（1）工艺流程。条形名优绿茶加工的主要工艺流程为摊放→杀青→揉捻→初烘→提毫→足干等。条形名优绿茶基本采用机械化加工。

（2）加工技术。摊放是名优绿茶加工的第一道工序。将鲜叶均匀地平铺在篾制的竹帘上，厚度 3~5cm，置于阴凉通风处，一般摊放 4~6 小时。当感觉叶质由生硬变为较柔软，叶色稍有变暗、青气转弱、清香略显时，即可进行杀青作业。

条形名优绿茶加工也有手工和机械两种方式，但普遍应用的是机械加工。这里重点介绍机械加工工艺。条形名优绿茶进行机械加工时，常用的机械有杀青机、揉捻机、烘干机、电炒锅等。

①杀青：条形名优绿茶杀青，有采用连续式滚筒杀青机，微波杀青机，蒸汽杀青机等，杀青技术因不同杀青机械而不同，杀青适度要求青气消失，清香显露，紧捏叶子成团，松手可自动弹开，含水量 60%左右。

②揉捻：条形名优绿茶揉捻一般采用中小型揉捻机，如 6CR-35、45、55 型揉捻机，一般 6CR-45 揉捻机装叶 15kg 左

右，揉捻时遵循“轻—重—轻”原则，揉至茶汁黏附叶面，茶条紧结。揉捻结束后，将揉捻叶轻轻解块。

③初烘：在自动式或手拉百叶式名优茶烘干机中进行初烘，热风温度100~110℃，摊叶厚度2~3cm，时间10~12分钟，以手捏叶子不黏，稍有触手，即可下烘摊凉。

④提毫：将摊凉后的初烘叶投入锅中进行提毫。与手工制作相同。

⑤足干：最后将完成提毫的加工叶用烘干机进行足干作业，热风温度80℃左右，烘至手捻茶叶成粉，含水量低于6%即可。

3. 卷曲形名优绿茶

卷曲形名优绿茶（图5-4）品质特征，外形纤细、卷曲如螺、白毫显露、清香鲜醇、滋味爽口，叶底匀齐。卷曲形名优绿茶主要以碧螺春为主要代表。

图5-4　卷曲形名优绿茶

（1）工艺流程。卷曲形名优绿茶加工工艺由杀青、揉捻、搓团提毫、干燥等工序组成。

（2）加工技术。摊放是名优绿茶加工的第一道工序。将鲜叶均匀地平铺在篾制的竹帘上，厚度 3cm 左右，置于阴凉通风处，一般摊放 4~6 小时。当感觉叶质由生硬变为较柔软，叶色稍有变暗，青气转弱，清香略显时，即可进行杀青作业。

卷曲形名优绿茶加工也有手工和机械两种方式。这里重点介绍机械加工工艺。

卷曲形名优绿茶进行机械加工时，常用的机械有杀青机、揉捻机、曲毫机、卷曲形茶烘干机等。

①杀青：卷曲形名优绿茶杀青，通常采用连续式滚筒杀青机、微波杀青机、蒸汽杀青机等。杀青技术因杀青机械不同而不同。杀青程度，要求青气消失，清香显露，紧捏叶子成团，松手可自动弹开，含水量 60%左右。

②揉捻：卷曲形名优绿茶揉捻一般采用中小型揉捻机，如 6CR-35、45、55 型揉捻机，在不加压或轻压状态下揉捻 5~7 分钟，初步揉出茶汁，尽量不让白毫脱落，轻柔之后进行解块。

③做形：解块后的揉捻叶进行初烘，当烘至五成干左右，投入曲毫机中进行初步炒干成形，锅温 70℃左右，炒制 20~30 分钟，加工叶初步成卷便可出锅，进行搓团提毫作业。

④搓团提毫：搓团提毫操作如手工做法。卷曲形茶进风口热风温度 60~70℃，将适当数量的加工叶握于两手掌心中，沿同一方向搓揉，以促进茶条卷曲，每团搓 4~5 转，放入烘盘中定形。待几个团适度定形后，合并解块抖散。反复操作，边搓团，边解块，边干燥。历时 10~15 分钟，加工叶含水量降至 10%左右，进入干燥阶段。

⑤干燥：锅温保持 70℃左右，将加工叶薄摊在锅中，翻动数次，当手捻茶叶成粉末时，即可出锅。

4. 针形名优绿茶

针形名优绿茶（图 5-5）外形条索紧细、圆直，白毫显露，色泽苍翠润绿，形如松针，汤色清澈明亮，香气清鲜，滋味醇爽，叶底嫩绿匀整。以南京雨花茶为代表并最为著名。

图 5-5 针形名优绿茶

(1) 工艺流程。针形茶的加工工序与以毛峰茶为代表的条形茶相似，但其外形要求与毛峰茶最大的不同是要求条索紧直如松针，故其做形工序的搓直动作非常重要。针形茶的加工工艺过程为摊放、杀青、揉捻、做形、干燥。

(2) 加工技术。摊放是名优绿茶加工的第一道工序。将鲜叶均匀地平铺在篾制的竹帘上，厚度 3~5cm，置于阴凉通风处，一般摊放 4~6 小时。当感觉叶质由生硬变为较柔软，叶色稍有变暗、青气转弱、清香略显时，即可进行杀青作业。

针形名优绿茶加工有手工和机械 2 种方式。

①手工加工：

杀青　在电炒锅或柴灶炒茶锅内进行，锅温掌握在 150~160℃，投叶量为 0.5kg 左右，以抖闷结合、抖杀为主，杀青时间 5~7 分钟，含水率降到 58%~55%出锅摊凉。

揉捻　将经过摊凉的杀青叶置于揉捻台上，采用双手推揉法进行揉捻。揉捻时，双手将加工叶在台上做推拉式的直线滚揉，绝对不能像毛峰茶或球形茶揉捻那样采用旋转式的团揉。在揉捻过程中一般要解块3~4次，通常经历8~10分钟，至初步成条、茶汁微出时，即完成揉捻工序。

做形　做形同样在电炒锅或柴灶炒茶锅中进行，锅温85~90℃，投叶量0.35kg左右，锅壁先擦拭少量制茶专用油，投叶后，一边翻炒，一边抖散，抖散结合，将茶条理顺，然后将茶条置于手中开始轻轻滚转搓条。搓条是形成针形茶独特外形的关键，搓条时用力应掌握"前轻、中间重、后轻"的原则，至茶条不黏手时，将锅温降低到65~60℃，把两手指伸直，将加工叶置于两手之间，顺着一个方向用力滚搓，轻重相间，同时结合理条。进行20分钟左右，茶条已达到六七成干、含水率降到30%左右时，即转入拉条。拉条时锅温掌握在85~90℃，用手不时将加工叶在锅中来回拉炒，并交替理顺和拉直茶条，大致经过10~15分钟的拉条，加工叶含水率降到约10%时，即可出锅摊凉。

干燥　经过摊凉的加工叶，还要进行筛分，去片割末，并分清长短和粗细，然后在50℃文火状态下，用烘笼进行足干，直至含水率降到7%以下。

②机械加工：随着新型茶叶机械研制成功，针形名优绿茶可以实现全程机械化加工，常用的机械有杀青机、揉捻机、理条机、平台灶、精揉机、茶叶提香机等。

杀青　针形名优绿茶杀青，有采用连续式滚筒杀青机，微波杀青机，蒸汽杀青机等，杀青技术因不同杀青机械而不同，杀青适度要求青气消失，清香显露，紧捏叶子成团，松手可自动弹开，含水量60%左右。

揉捻　针形名优绿茶揉捻一般采用中小型揉捻机，如6CR-

35、45、55 型揉捻机，一般 6CR-45 揉捻机装叶 15kg 左右，揉捻时遵循“轻—重—轻”原则，揉至茶汁黏附叶面，茶条紧结。揉捻结束后，将揉捻叶轻轻解块，并在烘干机中进行初烘，烘干机热风温度 110~120℃，摊叶厚度 2~3cm，时间 10~12 分钟，以手捏叶子不黏，稍有触手，即可下烘摊凉。

做形　针形名优绿茶机械做形采取理条机与平台灶相结合。将经过初烘的加工叶 1.2~1.5kg，均匀投入锅温为 90℃ 的茶叶理条机中，理条机往复频率要遵循先快后慢的原则，当经过 4~6 分钟的理条，茶坯已经基本理直成条，并初步紧结，八成干左右即可出锅摊凉。摊凉后的加工叶在平台灶上以手工搓条的方式进行搓条和干燥，平台灶进风温度 120℃ 左右，将 1kg 左右的揉捻叶置于平台灶上，均匀铺开，并同时将茶条置于手中开始轻轻滚转搓条，当茶条不黏手时，降低温度平台灶进风温度，把两手五指伸直，将加工叶置于两手之间，顺着一个方向用力滚搓，轻重结合，直至茶条紧细圆直，九成干左右，即可出锅摊凉。目前，也有部分企业利用理条机将茶条理至八成干左右，采用精揉机做形。

干燥　做形后的加工叶，含水量很低，采用茶叶提香机进行足干，干燥采用低温长烘方式，提香机温度 60~70℃，时间 60~90 分钟，当烘至手捻茶叶粉碎，含水量 6%以下时即可。

四、大宗绿茶的加工技术

大宗绿茶是一种适合大众消费和主要用作出口的绿茶产品，一般要求鲜叶具有一定成熟度，以 1 芽 2~3 叶为宜。我国的大宗绿茶以机械生产为主，主要有炒青绿茶、烘青绿茶、珠茶等。

1. 炒青绿茶

炒青绿茶在大宗绿茶中产地最广、产量最多，在全国各地均有生产。由于炒青绿茶在制法上常常需要长时间在锅中炒干，故称“炒青”，因其外形呈长条状，故又称“长炒青”，又因外形为长条形、微弯，形状如眉，故又名“眉茶”。

炒青绿茶的外形为稍弯曲的长条形，条索紧结，匀整，有锋苗，色绿润；内质香高持久，品质良好的产品栗香明显；汤色黄绿明亮，滋味醇浓，叶底黄绿明亮；忌烟焦和红梗红叶。

炒青绿茶的加工工艺类型较多，但主要过程是一致的，均可分为杀青、揉捻、干燥三道工序。

（1）杀青。各种大宗绿茶杀青工艺和过程相似，最常用的是滚筒杀青机杀青作业形式。滚筒杀青机系由中国农业科学院茶叶研究所 1958 年试制成功，后经多次改进，现在成为一种在生产上普遍应用、生产率也较高的杀青机。

①滚筒杀青机的主要结构：由上叶机构、筒体、排湿装置、传动机构和炉灶等部分组成。滚筒杀青机系列产品采取以筒体直径厘米数作为型号标定的依据，其型号分别为 6CS-60 型、6CS-70 型、6CS-80 型等，如 6CS-70 型滚筒杀青机，即筒体直径为 70cm 的滚筒杀青机。

②滚筒杀青机的工作原理：炉灶内的燃料燃烧，对筒体加热，当鲜叶由上叶输送带送人已被加热的转动筒体内，在半封闭状态下直接吸收热量，使叶温迅速升高，并在螺旋导叶板的作用下，一边翻动一边前进，叶内的水分则不断汽化，酶的活性同时被迅速破坏，达到杀青目的，最后从出口端排出，完成杀青作业。

③滚筒杀青机的工作过程：首先，开机使筒体转动，再行生火烧旺炉灶，这样可使筒体受热均匀，防止变形。当筒体温度达到杀青温度，看到筒内稍有火星跳跃，即可开动上叶输送带上叶，开始上叶要适当多一些，以免产生焦叶。待杀青叶已开始在滚筒出口端排出，开动排湿风机排湿，使筒内水蒸气排出。作业过程中要随时检查杀青叶质量，并根据杀青程度随时调整投叶

量，投叶量可以用上叶输送带上的匀叶器加以高低控制。杀青作业结束前15分钟要停止向炉膛内加燃料，以免产生焦叶。杀青结束后，首先要将炉膛内的全部残余燃料和灰渣清出，并且筒体还要继续转动15分钟再行关机，这同样是为了防止筒体变形。滚筒杀青机生产率高，可连续作业。如6CS-70型滚筒杀青机，台时产量可达300kg左右（鲜叶），在正常操作下，杀青叶色泽绿翠，不会产生焦叶，并且操作方便。

（2）揉捻。炒青绿茶加工中的揉捻作业均使用机械进行，其设备为盘式茶叶揉捻机，它不仅用于绿茶加工，而且也广泛用于红茶和其他类茶叶初制加工中的揉捻作业。

①盘式茶叶揉捻机的主要机构：由揉盘与机架、揉桶与加压装置、传动机构等组成。我国生产的揉捻机已形成系列，系列产品以其揉筒外径厘米数作为型号标定依据，如6CR-55型揉捻机，即揉桶外径为55cm的揉捻机。大宗茶加工常用的揉捻机型号有6CR-45型、6CR-55型和6CR-65型等。

②揉捻机的作业原理：揉桶内装满杀青叶，在电动机和传动机构的带动下，由揉桶、揉桶盖和揉盘组成的揉捻腔在揉盘上作水平回转；揉桶内的加工叶由于受到揉桶盖压力、揉盘反作用力、棱骨揉搓力及揉桶侧压力等作用，被逐渐揉捻成条，并使部分叶细胞破碎而茶汁外溢，达到揉捻目的。

③揉捻作业的关键技术：是掌握投叶量、控制揉捻时间和加压轻重。绿茶加工揉捻时，应按照揉捻机的不同型号适当确定投叶量。投叶过多，叶团在揉桶内难以翻动，揉捻不均匀，甚至揉桶无法运转，影响揉捻质量；投叶过少，叶团同样难以翻动，成条也不好。揉捻作业时，加压轻重应以“轻—重—轻”为原则，并且加压时间要适当；加压过早过重，易形成扁条和碎茶，加压过轻，则难于成条。一般情况下，加工叶较嫩时，加压要轻；而加工叶较粗老时，加压要重些。长炒青绿茶加工时的揉捻程度，

一般嫩叶要求成条率达到80%~90%、粗老叶成条率在60%以上为适度，质量良好的揉捻叶要有茶汁黏附叶面，手摸有润滑黏手的感觉。揉捻叶下机后，要立即进行解块干燥，切勿久放，以免叶色变黄，甚至自动氧化变红。

(3) 干燥。炒青绿茶加工干燥工序相对来说是比较复杂的，要经过二青、三青和辉干3个阶段。近年来，生产上应用的长炒青干燥工艺有“烘—炒—炒”“烘—炒—滚”“烘—滚—滚”等多种方式。

这几种工艺方式中的第一道工序“烘”，是用茶叶烘干机烘二青；“炒”是用茶叶锅式炒干机炒三青或辉炒干燥；“滚”是用瓶式炒干机炒三青或辉炒干燥。现将“烘—炒—滚”和“烘—滚—滚”2种长炒青绿茶干燥工艺技术介绍如下。

①烘二青：

目的　烘二青的目的是为了用热风快速去除揉捻叶所含有的部分水分，减少茶条表面黏性，避免下一工序炒制时粘锅，保证下道工序的顺利进行。

设备　烘二青使用的设备为茶叶烘干机，并以热风为烘干介质进行，故称为烘二青。这种作业方式，作业效率高，加工叶色泽好。使用烘干机烘二青，热风温度一般可为120℃左右（不超过130℃），二青叶的减重率为25%~30%，含水率为35%~40%，这时较有利于炒紧成条，不能过干，以免炒干时增加断叶。二青叶烘干程度感官判定，以手捏时感觉不黏，稍感触手，可成团，松手后会弹散为适度。

②炒三青：

目的　炒三青的目的是为了进一步去除茶叶中的水分，使加工叶卷紧条索，基本定型，并不断使香气成分获得转化。

设备　炒青绿茶的干燥作业若采用“烘—炒—滚”工艺，则炒三青所使用的设备为锅式炒干机；若采用“烘—滚—滚”

工艺，则炒三青所使用的设备为八角式茶叶炒干机。

③辉干：

目的 辉干是长炒青绿茶加工的最后一道工序。其目的是进一步去除水分，使其达到成茶可保存的含水率，并进一步发挥香气。同时，通过辉炒，使茶条表面光润，更显锋苗。

设备 辉干所使用的机械是瓶式炒干机。瓶式炒干机进行辉干作业时，筒壁温度可保持在100℃左右，每筒投叶量可达40kg，炒制的时间也可以达到60—80分钟。由于是将已炒至9成干的三青叶投入瓶式炒干机进行辉干，加上瓶式炒干机装有排气风扇，炒制温度又较低，故投叶量较大不会引起加工叶变黄，反而能使茶叶在筒内上抛下落的距离缩小，从而断碎更少。这时由于叶量多，茶条相互之间挤压力大，随着筒体的旋转，茶条与茶条之间及茶条与筒壁之间相互摩擦与挤压，在进一步脱水和紧条的同时，茶条表面的毛刺被逐渐磨光，从而使茶条更为光滑圆润，香味和色泽也更好。在辉干作业将要结束前的5—10分钟，迅速提高炒制温度至150℃左右，使茶叶温度达到100℃左右，即用手摸感到烫手，随后立即出叶，可显著提高茶叶香气。但时间掌握要适当，不要引起焦茶。当加工叶含水率降至6%左右时，长炒青绿茶的全部炒制即告完成。

2. 烘青绿茶

烘青绿茶也是我国茶叶产区分布较广的绿茶产品，在绿茶中产量仅次于炒青绿茶，以安徽、浙江、福建3省产量较多，其他产茶地区也有少量生产。烘青绿茶除部分在市场销售的素烘青外，大部分用来窨制花茶。

烘青绿茶是一种靠揉捻工序做形，干燥过程中不再整形的绿茶类型。高档烘青绿茶外形自然完整，白毫显露，色泽深绿油润，冲泡后汤色黄绿，清澈明亮，香高味醇，且耐冲泡。

与炒青绿茶相同，烘青绿茶的加工工艺也分为杀青、揉捻和干燥3个工序。

(1) 杀青。杀青技术的基本目的要求与炒青绿茶相同，也需要掌握杀青的三原则“高温杀青、先高后低”“抛闷结合、多抛少闷”以及“嫩叶老杀、老叶嫩杀”。

(2) 揉捻。揉捻是烘青绿茶成形的关键。在揉捻技术操作与程序的掌握上与长炒青绿茶有所区别。主要表现在烘青绿茶更强调嫩叶冷揉，中档叶温揉，老叶热揉，以利于各档原料茶的揉捻成条及形成深绿甚至墨绿的色泽。同时，烘青绿茶揉捻还强调筛分复揉，尤其是鲜叶原料老嫩混杂时，这一点更为重要。筛分复揉便于粗大茶条揉紧成条，保持芽叶完整，减少碎末茶。烘青绿茶揉捻适度的要求是，嫩叶揉熟不揉糊，老叶揉紧不揉松，嫩叶成条率应达到90%以上，老叶成条率达到60%左右，细胞破碎率在45%左右。

(3) 干燥。烘青绿茶干燥的目的基本上与长炒青绿茶相同，但由于使用的干燥方式不一样，操作技术相差也较大。

①干燥要求：烘青绿茶干燥过程中不整形，只是条索有所缩紧而已。烘青绿茶的干燥，要求干度均匀，毛茶的含水率为6%~7%。干燥过程中火功要适当，严防偏高，要求香味醇厚或正常，切忌烟、焦、熟闷或其他不正常的气味。

②干燥设备：烘青绿茶的干燥工序全部使用机械完成，常用设备有手拉百叶式茶叶烘干机和自动链板式茶叶烘干机。这些机械除烘青绿茶干燥应用外，在其他绿茶和茶类的干燥作业中也广泛应用。

a. 手拉百叶式茶叶烘干机　是一种小型茶叶烘干机，主要在小型茶厂中应用。主要结构由主机箱体、热风炉和鼓风机三部分组成。

b. 自动链板式茶叶烘干机　是一种大中型的自动连续作业式烘干机，主要结构由主机箱体（干燥室）、上叶输送带、传动机构、热风炉和鼓风机等组成。自动链板式烘干机的上叶输送带也是一组百叶输送链板，上烘的加工叶，就由它连续送至干燥箱顶部并均匀摊放到最上层的烘板上。

c. 茶叶烘干机的型号　茶叶烘干机在我国已形成系列产品，并以烘板摊叶面积平方米数为规格代号，现在生产上使用的茶叶烘干机有6CH-10型、6CH-16型、6CH-20型、6CH-50型等规格型号，例如6CH-16型烘干机即烘板摊叶面积为16m^2的茶叶烘干机。

d. 茶叶烘干机使用的注意事项　在茶叶机械中，茶叶烘干机属于大型而较复杂的设备，使用技术要求比较高。为此，应按照使用说明书的要求，正确对机器进行安装、调试、使用、润滑和保养。每次开机前应充分检查链板和运动部件上有无影响机器运行的障碍物，尤其是干燥箱内的链板上有无误放的硬杂物；作业时，应根据烘叶的干燥程度及时调整摊叶厚度和烘程时间，上叶既不能堆得过多，也不宜出现空板现象；热风炉工作时，煤要勤加少添，烘干的热风温度一般应控制在100%~120%，最高温度一般不应超过130℃；机器运行时应时刻注意有无不正常的冲击和噪声，并注意各转动部件和轴承等部位温升是否正常，不正常应立即停车检查和维修；应经常检查热风炉有无漏烟处及是否烧损，如发现要及时修复，否则，将引起茶叶烟焦；烘干作业结束，应首先清除热风炉内的燃煤、灰渣和剩火，鼓风机和主机要继续运行15分钟以上，待干燥箱和热风炉内的温度降下后，再行关机。

③干燥作业：烘青绿茶的干燥作业可分为毛火和足火两个阶段，中间应摊晾。

a. 毛火阶段　当使用手拉百叶式烘干机进行烘青绿茶干燥作业时，毛火使用的热风温度为120~130℃，足火为100~120℃。当主机箱体顶部风温达到100℃左右时开始上茶，毛火每层烘板散布揉捻叶 1.5~2kg，将上层茶叶循序翻落到下层，不能拉错，全烘程时间 15 分钟左右。

b. 摊凉阶段　毛火出叶后，应摊晾 0.5~1 小时，待叶质回软后再烘足火。

c. 足火阶段　足火每层烘板散布毛火叶 2.5~3kg，摊叶厚度 1~2cm，也是每隔 2~3 分钟拉动操作手柄一次，全烘程时间 15 分钟左右。如发现烘干程度过轻或过重，可通过调整摊叶厚度和降低热风温度来调节。在加工叶含水率降到 7%以下时完成干燥作业，出叶摊凉后装袋。使用自动链板式烘干机进行烘青绿茶干燥作业时，由于上茶、出茶均系自动，摊叶厚度和干燥时间均可灵活调节，故较易掌握，劳动强度也较低。作业时，毛火热风温度为 120~130℃，摊叶厚度为 1~2cm，链板采用快速或中速；足火热风温度为 100%，摊叶厚度为 2~3cm，链板矛用慢速或中速。同样，加工叶含水率降到 7%以下时完成干燥作业，出叶摊凉后装袋。

第四节　红茶加工

一、红茶加工的基本原理

1. 红茶色泽的形成

茶叶包括干茶色泽、叶底色泽和汤色 3 个方面，它因茶类、品种、老嫩、工艺不同而有很大的差别。

(1) 干茶色泽。一般呈乌黑至褐色，这种色泽是红茶中叶绿素的水解产物和果胶质、蛋白质以及糖和茶多酚的氧化产物附于叶表并干燥后呈现出来的。功夫红茶揉捻程度较轻，细胞破坏不完全，黏附在叶表面的茶汁相应较少，再加上揉捻时析出的蛋白质、果胶、糖等有机物质全部凝固于叶表，故呈乌润的色泽。

红碎茶因细胞破碎率高，黏附在叶表面的茶多酚及其氧化产物含量多，故色多呈棕红色或红褐色。

(2) 叶底色泽。叶底的色泽是水不溶显色物质的反映。红茶叶底的色泽是由茶多酚的氧化产物与蛋白质缩合成水不溶性产物的结果。其中，茶黄素的比例相对较大时，叶底橙黄明亮；茶红素较多时，叶底红艳或红亮；茶褐素所占比例较大时，叶底色泽呈暗红或暗褐。

(3) 汤色。红茶的汤色红艳程度，主要决定于茶红素的含量；汤色的明亮度决定于茶黄素的含量。红茶由于发酵程度过度或贮藏时间过长，含水量过高，受潮变质等原因，汤色由红艳转为红暗，甚至似“酱油汤”，说明红茶的茶黄素含量降低，茶褐素含量增加。茶黄素与茶红素的比值是判断红茶品质的关键指标，如果比值过高，则茶汤虽然刺激性强，亮度好，但汤色不够红浓，形成不了“金圈”，而比值过低，则不够鲜爽，汤色不够亮，暗淡。

2. 红茶香气的形成

红茶的香气一般为甜香，要求清鲜高爽。因产品种类、鲜叶品种、产地、季节等不同，有的具有特有的花香或蜜糖香。

红茶香气形成包括 2 个阶段。第一阶段，发生于萎凋发酵过程，尤其是发酵阶段。香气的由来，有酶促氧化作用、水解作用、异构化作用生成的系列产物；还由于儿茶素等多酚类的氧化还原作用生成的系列产物。第二阶段，发生于干燥过程。由于水热反应生成的产物等。鲜叶的芳香物质，制茶中大量转化或挥发逸失，仅部分参与成茶的香气组成。红茶香气形成比绿茶复杂得多，香气组成成分也比绿茶多近 3 倍。

3. 红茶滋味的形成

形成红茶滋味的主要化学成分有多酚类化合物、咖啡碱、醣类、氨基酸等物质。

多酚类化合物是构成红茶滋味浓强的主要成分。其中茶黄素具有较强的收敛性，茶红素则滋味醇和，两者含量丰富、比例适中（茶红素：茶黄素为10：15），是形成高品质红茶滋味的主要原因。

构成茶汤鲜爽的主要成分是氨基酸、未被氧化的儿茶素及茶黄素和咖啡碱等。氨基酸是带鲜味的物质。红茶制造过程中，蛋白质水解后形成各种游离氨基酸，它与多酚类化合物协调配合，赋予红茶浓醇鲜爽的滋味特征。咖啡碱是略带苦味的物质。咖啡碱与茶黄素等多酚氧化物产生的络合物是形成茶汤冷后浑的原因。咖啡碱与茶黄素络合滋味鲜爽，冷后呈黄亮色；与茶褐素络合，冷后呈暗黄褐色；与茶红素络合，冷后呈棕红色。

红茶滋味的甜醇主要是叶内含有糖类物质，萎凋叶中糖类物质淀粉产生了较多的可溶性糖；在高热干燥阶段，多糖的裂解增加可溶性单糖的数量。因此，在红茶制造过程中可溶性糖的数量是增加的，可溶性糖的增加对增进茶汤滋味的甜醇味以及甜香味，都是有积极意义的。

二、红茶加工的主要工序

我国红茶包括功夫红茶、红碎茶和小种红茶，其制法大同小异，都有萎凋、揉捻、发酵、干燥4个工序。各种红茶的品质特点都是红汤红叶，色香味的形成都有类似的化学变化过程，只是变化的条件、程度上存在差异而已。

1. 萎凋

萎凋是指鲜叶经过一段时间失水，使一定硬脆的梗叶成萎蔫凋谢状况的过程，是红茶初制的第一道工序。经过萎凋，可适当蒸发水分，叶片柔软，韧性增强，便于造型。此外，这一过程和使青草味消失，茶叶清香欲现，是形成红茶香气的重要加工阶段。萎凋方法有自然萎凋和萎凋槽萎凋两种。自然萎凋即将茶叶薄摊在室内或室外阳光不太强处，搁放一定的时间。萎凋槽萎凋是将鲜叶置于通气槽体中，通以热空气，以加速萎凋过程，这是目前普遍使用的萎凋方法。

2. 揉捻

红茶揉捻的目的，与绿茶相同，茶叶在揉捻过程中成形并增进色香味浓度，同时，由于叶细胞被破坏，便于在酶的作用下进行必要的氧化，利于发酵的顺利进行。

3. 发酵

发酵是红茶制作的独特阶段，经过发酵，叶色由绿变红，形成红茶红叶红汤的品质特点。其机理是叶子在揉捻作用下，组织细胞膜结构受到破坏，透性增大，使多酚类物质与氧化酶充分接触，在酶促作用下产生氧化聚合作用，其他化学成分亦相应发生深刻变化，使绿色的茶叶产生红变，形成红茶的色香味品质。目前，普遍使用发酵机控制温度和时间进行发酵。发酵适度，嫩叶色泽红匀，老叶红里泛青，青草气消失，具有熟果香。

4. 干燥

干燥是将发酵好的茶坯，采用高温烘焙，迅速蒸发水分，达到保质干度的过程。其目的有 3：一是利用高温迅速钝化酶的活性，停止发酵；二是蒸发水分，缩小体积，固定外形，保持干度以防霉变；三是散发大部分低沸点青草气味，激化并保留高沸点芳香物质，获得红茶特有的甜香。

三、功夫红茶的加工技术

功夫红茶原料细嫩，外形条索紧直、匀齐，色泽乌润；香气浓郁，滋味醇和而甘浓；汤色、叶底红艳明亮，具有形质兼优的品质特征。

功夫红茶加工要求鲜叶细嫩，匀净，新鲜鲜叶标准可分为芽茶、1 芽 1 叶、1 芽 2 叶、1 芽 2~3 叶等。

功夫红茶的制作又分初制与精制两个阶段，这里主要讲述功夫红茶的初制工艺，包括萎凋、揉捻、发酵、干燥等工序。

1. 萎凋

(1) 萎凋的目的。萎凋是使鲜叶散失部分水分，叶质变柔软，并引起部分化学变化。一方面从茶树上采下的鲜叶，一般含水量在76%左右，叶质脆硬，不仅揉捻时易破碎，而且茶汁易随水分流失，直接揉捻会降低品质。因此，鲜叶需经过萎凋，蒸发一部分水分，降低叶细胞的张力，使鲜叶变柔软，为揉捻创造条件；另一方面鲜叶经过萎凋失去一部分水分，细胞汁浓度提高，引起内含物质的一系列化学变化，青草气挥发，良好香气显露，为形成红茶色、香、味的特定品质奠定基础。

(2) 萎凋的方法。萎凋主要分室内自然萎凋与萎凋槽萎凋2种。

①自然萎凋：在萎凋室内装萎凋架，架上设置多层萎凋帘，鲜叶均匀摊放在帘上，萎凋最适宜的温度为20~24℃，最适宜的相对湿度为70%左右，在这种条件下，萎凋需历时18~24小时。

也有用日光自然萎凋的，就是让鲜叶直接受日光热力散失水分。这种方法虽简便，萎凋速度也快，但受自然条件限制太大，萎凋程度也很难掌握。在强烈日光下进行萎凋，易造成叶片变红、萎凋不匀、芽叶焦枯。因此，日光萎凋一般不宜采用。

②萎凋槽萎凋：如图5-6所示，在特制的萎凋槽内进行，槽面设置盛茶帘，鲜叶均匀摊放在帘上，槽下送凉风或热风，加速水分的蒸发，热风的温度最高不可超过30℃，萎凋时间一般为6—8小时。

(3) 萎凋程度。萎凋叶具有最大可塑性时的含水量，即为萎凋适度的标准。当萎凋叶含水量在60%~62%，叶片柔软，嫩茎手折不断，手握茶叶成团，松手不易散开，叶色由鲜绿变为暗绿，叶面失去光泽并且有清香，此时即为萎凋适度。

图 5-6　萎凋槽萎凋

2. 揉捻

（1）揉捻的目的。功夫红茶的揉捻目的有 3 个：一是破坏叶细胞组织，揉出茶汁，便于萎凋后的鲜叶在酶的作用下进行必要的氧化作用，为形成红茶特有的内质奠定基础；二是使茶汁溢出，黏于茶叶的表面，增进滋味的浓度；三是使芽叶揉卷成紧直条索，塑造美观的外形，达到功夫红茶的规格要求。

（2）揉捻的方法。应根据原料的老嫩、揉捻机的性能和气温的高低，灵活掌握揉捻时间的长短、加压的轻重和揉捻的次数。根据实践经验，揉捻加压应掌握"轻—重—轻"的规律，时间长短则根据萎凋叶的质量决定。嫩叶或轻萎凋叫应轻压，揉捻时间可稍短；老叶或重萎凋叶应适当加压，揉时稍长。气温高，揉时宜短；气温低，揉时宜长。一般揉捻 1 次或 2 次不等。

鲜叶在揉捻过程中，易黏结成团，要进行解块分筛，打破团块，散发温芽度，用筛子筛后，筛底茶坯进行发酵，筛面茶条较粗松，可再度揉捻。

（3）揉捻的程度。从现象观察，芽叶紧卷成条，用手紧握茶坯，有茶汁外溢；茶坯局部变红，并散发较浓的青草气，即可初步断定揉捻适度。

3. 发酵

发酵是促进内质进一步发生深刻的变化，使绿叶发红，从而形成红茶、红叶、红汤和特殊香味品质特点的过程。发酵是功夫红茶形成品质的关键过程。

（1）发酵的目的。发酵是一个复杂的生物化学变化的过程，主要是使芽叶中的多酚类物质在酶的参与下发生氧化聚合作用，生成茶黄素和茶红素，其他化学成分也同时相应地发生变化，形成红茶特有的色、香、味。

（2）发酵的条件。发酵的条件主要是温度、湿度、通气（供氧）。

（3）发酵的方法。发酵在专用的发酵室内进行，发酵室内设置若干发酵用木架，并配有增温、增湿设备。发酵时，先将木制或竹制的发酵盘用清水浸湿，然后将经过解块分筛的揉捻叶，按4~8cm的厚度摊放在盘内。发酵时间根据茶叶以及温度条件而定，一般春茶2~3小时，夏茶约1.5小时。

（4）发酵的程度。一般根据发酵叶的香气和叶色的变化，综合判断发酵是否适度。发酵适度，青草气消失，出现一种新鲜、清新的花果香；叶色变红，春茶黄红色、夏茶红黄色，嫩叶色泽红匀，老叶因变化困难常红里泛青；叶温到达高峰开始平稳时，即可认为发酵适度。

4. 干燥

干燥是鲜叶加工的最后一道工序，也是决定品质的最后一关。

（1）干燥的目的。一是利用高温制止酶的活动，停止发酵，使发酵形成的品质固定下来。二是蒸发水分，缩小体积，紧缩茶条，固定外形，保持足干，防止非酶促氧化，利于保持品质，防止霉变。三是散发大部分低沸点的青草气，进一步提高和发展红茶的特有香气。

（2）干燥的方法。红茶干燥一般分2次进行烘干，第一次称毛火，第二次称足火。

①毛火：烘干温度较高，减少不利于品质的变化。要使叶温短时间内升高到40℃以上，迅速破坏酶促氧化作用。烘至茶坯含水量为25%时，下烘摊凉30分钟。

②足火：低温慢烘促进香味的发展，此时，叶内水分已不多，温度过高易产生老火甚至烘焦。足火温度的高低影响香型，因此，要控制适当的温度。烘至茶叶含水量5%~6%，足火下烘后应立即摊凉。散发热气，待茶叶温度降至略高于室温时装箱储藏。

（3）干燥程度的检测。毛火时以用手握茶有刺手感和梗子不易折断为适度；足火时以用手握茶刺手、用力握即有断脆声、茶梗一折即断、用手指捏茶条成细碎粉末、有浓烈的茶香为适度。

四、红碎茶的加工技术

红碎茶的初制与功夫红茶的初制基本相似，其初制工艺分为萎凋、揉切、发酵、干燥4道工序，除揉切工序外，其余均与功夫红茶初制方法相同，但各工艺的技术指标则不相同。

1. 萎凋

红碎茶的萎凋方法，大多采用萎凋槽萎凋，萎凋程度的掌握则根据揉切机具而定：用转子机加工，其萎凋叶含水量为59%~61%；用C·T·C机加工，则萎凋叶含水量为68%~72%。

2. 揉切

揉切是红碎茶初制过程中的主要工序之一，由于揉切采用的机具不同，工艺技术亦不相同，产品的外形、内质亦不相同。

(1) 转子机制法。将萎凋叶由输送带输入转子机内进行揉切，其优点为生产效率高、颗粒较紧结、成茶的鲜强度较好。但是茶坯在转子机中，因受到强烈的挤压和绞切而产生高温，在短短的几分钟内，茶坯升温5~10℃，给发酵带来不利影响。

(2) C·T·C机制法。C·T·C机是一种对萎凋叶进行碾碎、撕裂、卷曲的双齿辊揉切机。切碎颗粒大小依喂粒辊和搓撕辊齿隙而定，揉切作用强烈而快速，叶温瞬间上升。但由于齿辊系敞开的，其升温在输送带上即可散失，所以C·T·C机对鲜叶的嫩度要求较高。同时，齿辊容易磨损，每作业200小时需清洗1次，以保持齿的锋利。

3. 发酵和干燥

其方法与功夫红茶相似，不再详述。

第五节　乌龙茶加工

一、乌龙茶加工的基本原理

1. 乌龙茶色泽的形成

乌龙茶的外形色泽要求为砂绿油润，汤色要求金黄，叶底要求绿叶红镶边，这与乌龙茶特殊的加工方法密切相关。构成乌龙茶色泽的主要成分是叶绿素、胡萝卜素和多酚类物质。这些物质在制造过程中发生了变化，叶绿素含量下降，叶绿素a、叶绿素b比例的变化和多酚类物质的部分氧化以及茶黄素、茶红素含量上升和干燥后期茶褐素的渐增等综合作用，决定了乌龙茶特殊色泽的形成。

2. 乌龙茶香气的形成

乌龙茶的香气物质主要由多酚类物质、芳香物质、糖、果胶物质和氨基酸等组成。芳樟醇氧化物、橙花叔醇、香味醇、苯乙醇、吲哚、顺茉莉酮、茉莉酮内酯和茉莉酮酸甲酯等成分构成了乌龙茶的典型特征香气自然的兰花香。乌龙茶香味与茶黄素、茶红素、茶褐素也有一定的关系。茶红素在一定范围内对香气和滋味都呈正相关，茶红素加茶黄素与香气呈现着正相关。乌龙茶的醚浸出物、芳香物质等都较红、绿茶高，这是形成乌龙茶特殊香气的重要原因。

3. 乌龙茶滋味的形成

乌龙茶的滋味特色是醇厚耐泡，主要是内含物质丰富，比例协调。由于采摘的鲜叶要有一定的成熟度，醚浸出物多；在做青的静置阶段，促进了茎梗中的水分和可溶性物质经输导组织往叶肉细胞组织输送，从而增加叶片内的有效成分的含量，为乌龙茶味浓耐泡提供了物质基础。另外，烘干过程将各种水溶性物质固定下来，烘干对增进汤色、提高滋味醇和及促进香气熟化等起作用。

二、乌龙茶加工的主要工序

乌龙茶也称青茶。乌龙茶的种类很多，它们的制法也大同小异，其主要工序为萎凋、做青、炒青、揉捻、干燥。

1. 萎凋

萎凋即是乌龙茶区所指的凉青、晒青。通过萎凋散发部分水分，提高叶子韧性，便于后续工序进行；同时，伴随着失水过程，酶的活性增强，散发部分青草气，利于香气透露。

乌龙茶萎凋的特殊性，区别于红茶制造的萎凋。红茶萎凋不仅失水程度大，而且萎凋、揉捻、发酵工序分开进行，而乌龙茶的萎凋和发酵工序不分开，两者相互配合进行。通过萎凋，以水分的变化，控制叶片内物质适度转化，达到适宜的发酵程度。萎凋方法有四种：凉青（室内自然萎凋）、晒青（日光萎凋）、烘青（加温萎凋）、人控条件萎凋。

2. 做青

做青是乌龙茶制作的重要工序，特殊的香气和绿叶红镶边就是做青中形成的。萎凋后的茶叶置于摇青机中摇动，叶片互相碰撞，擦伤叶缘细胞，从而促进酶促氧化作用。摇动后，叶片由软变硬。再静置一段时间，氧化作用相对减缓，使叶柄叶脉中的水分慢慢扩散至叶片，此时，鲜叶又逐渐膨胀，恢复弹性，叶子变软。经过如此有规律的熟悉动与静的过程，茶叶发生了一系列生物化学变化。叶缘细胞的破坏，发生轻度氧化，叶片边缘呈现红色。叶片中央部分，叶色由暗绿转变为黄绿，即所谓的“绿叶红镶边”；同时，水分的蒸发和运转，有利于香气、滋味的发展。

3. 炒青

乌龙茶的内质已在做青阶段基本形成，炒青是承上启下的转折工序，它像绿茶的杀青一样，首先，抑制鲜叶中的酶的活性，控制氧化进程，防止叶子继续红变，固定做青形成的品质。其次，是低沸点青草气挥发和转化，形成馥郁的茶香。同时，通过湿热作用破坏部分叶绿素，使叶片黄绿而亮。此外，还可挥发一部分水分，使叶子柔软，便于揉捻。

4. 揉捻

揉捻是绿茶塑造外形的一道工序。通过利用外力作用，使叶片揉破变轻，卷转成条，体积缩小，且便于冲泡。同时，部分茶汁挤溢附着在叶表面，对提高茶滋味浓度也有重要作用。

制绿茶的揉捻工序有冷揉与热揉之分。所谓冷揉，即杀青叶经过摊凉后揉捻；热揉则是杀青叶不经摊凉而趁热进行的揉捻。嫩叶宜冷揉以保持黄绿明亮之汤色于嫩绿的叶底，老叶宜热揉以利于条索紧结，减少碎末。

目前，除名茶仍用手工操作外，大宗绿茶的揉捻作业已实现机械化。

5. 干燥

干燥可抑制酶性氧化，蒸发水分和软化叶子，并起热化作用，消除苦涩味，促进滋味醇厚。

三、武夷岩茶的加工技术

武夷岩茶产于福建省北部武夷山周围，以优异的品质著称于世，是闽北乌龙茶的主要代表。岩茶花色品种很多，多以茶树品种命名，如大红袍、水仙、肉桂等。

武夷岩茶外形条索肥壮紧结匀整，带扭曲条形，俗称“蜻蜓头”，叶背起蛙皮状砂粒，俗称“蛤蟆背”，色砂绿密黄，鲜润光泽，泛“宝色”；内质花果香气馥郁高长，具有特殊的“岩韵”，滋味浓醇甘爽，汤色橙黄，清澈艳丽，叶底肥厚、柔软、透亮，边缘朱红或有红点。耐冲泡，可冲泡5次以上。

武夷岩茶加工可分为萎凋、做青、炒青、揉捻、干燥等工序。

1. 萎凋

萎凋有日光晒青和加温萎凋2种方式，在萎凋适度后要凉青。

晒青。

①晒青技术：晒青是利用光能与热能促进叶片水分蒸发，使鲜叶在短时间内失水，形成梗、叶细胞基质浓度增大，细胞膜透性增强，促进酶的活化，加速叶内物质的化学变化。春茶通常在上午11∶00前和下午14∶00时后进行晒青，这时阳光较弱，气温较低（不超过34℃），不易灼伤叶片。

手工晒青用水筛。水筛直径90~100cm，筛孔0.5cm见方。取鲜叶0.3kg于水筛中，两手持筛旋转，而后将水筛置于青架上沥水。晒青历时10—60分钟不等，视阳光强弱、气温高低、鲜叶含水量多少而灵活掌握。其间翻拌1~2次，翻拌时全程不用手接触叶子，以免损伤青叶造成死青。晒青适度时，将两筛晒青叶合并，重约1kg，用手轻轻抖松摊平，移入青间晾青。水仙品种叶片肥厚，节间长而粗壮，极易损伤，晒青时以不翻拌为宜，采用2晒2晾，以防青叶灼伤。

大规模生产用竹席或晒青布晒青，每平方米摊叶0.5～1.5kg，厚薄均匀。竹席或晒青布通透性不如水筛，所以晒青时间长，其间翻拌1～2次。翻拌时将晒青席（布）四角掀起，青叶自然集中，再用手抖撒均匀。晒青适度后，将晒青叶置于水筛内，移入青间晾青，或置于青间地面的竹席上摊晾散热。

②加温萎凋：由于产茶季节会遇到雨季，加温萎凋是解决晒青的技术途径之一。生产上常用的技术方法有2种。

一是萎凋槽热风萎凋　槽内摊叶厚15～20cm，平均每平方米摊叶8～10kg，每槽可投叶片150～200kg。热风温度35～38℃，风量要大，中间停机翻拌1～2次，经1～1.5小时完成萎凋。萎凋叶下机前鼓冷风（即自然风）10～15分钟，使叶温下降，以代替晾青，防止高温做青而导致死青。

二是综合做青机萎调　在阴雨天做青可直接用综合做青机加温萎凋。热风温度为32～34℃，每隔30分钟翻拌1次，历时2～4小时。

③晒青标准：感官标准为青叶顶下第二叶明显下垂、叶面大部分失去光泽，顶叶和梢头明显弯垂，且大部分青叶达此标准，失水均匀。叶质柔软，青气减退，青香显露，减重率为10%～15%，晒青适度叶含水率为70%左右。

2. 做青

青间室温度21～27℃，空气相对湿度70%～85%。若室温低于20℃时，则需加温，以促进做青叶内含物的化学变化；当室温超过29℃时，应采取降温措施，以控制化学变化进程。

(1) 手工做青。将萎凋叶薄摊于水筛上进行手工做青操作。

每筛首次放茶青0.5~0.8kg，往复操作摇青—晾青程序6~8次；摇青次数从少到多，逐次增加；每次摇青次数视萎凋叶变化情况而定，一般以摇至青味显露，再参考其他因素进行调整。第三次摇后将叶摊成凹形，以控制做青叶失水速度、提高叶温、促进内含物转化。晾青时间逐次加长；摊叶厚度也逐次加厚，可通过2筛并1筛或3筛并2筛的办法增加摊叶厚度。直至达到成熟标准后结束做青程序。

（2）综合做青机做青。萎凋叶装进综合做青机至其容量的2/3左右。按吹风—摇动/吹风—静置的程序重复进行6~10次，历时6—9小时。吹风时间每次逐渐缩短，摇动和静置时间每次逐渐增长。直至达到成熟标准后结束做青程序。

（3）做青叶判断 。总的要求是看青做青。看青做青主要是指做青操作的时间和程度的控制以及做青环境的控制。影响因素主要有茶青原料、气候、做青环境、设备和方式等。

看气味变化。茶青在做青过程中气味变化主要表现为：青香→清香→花香→果香。看叶态变化。主要表现为：叶软、失去光泽→叶渐挺，红边渐现→汤匙状，红边扩展。做青适度的基本标准为青叶呈汤匙状绿底红镶边，茶青梗皮表面呈失水皱折状，香型为花果香。茶青出现上述表现时即时进行下一炒青工序。

叶片较厚和大叶品种，宜轻摇，走水时间长，多停少动；叶薄和小叶种需少停多动，摇青加重，到后期方需注意发酵到位。茶青较嫩时，做青前期走水期需加长，总历时也更长，注意轻摇，多吹风；茶青较老时，做青总历时缩短，注意防止香气过早出现和做过头。萎凋偏轻时，用综合做青机做青可用加温补充萎凋，并注意多吹风多走水，重摇轻发酵，并延长做青时间，调整好温、湿度。

3. 炒青与揉捻

（1）手工炒青与揉捻。岩茶炒青主要的是把前阶段萎凋做青过程已形成的品质相对地固定起来，并起纯化香气的作用。高温下完成团炒、吊炒、翻炒3次主要动作才能达到品质要求。起锅后趁热迅速于特制的“十”字状阶梯形的揉捻笠上揉捻，然后复炒。复炒时间极为短促，是补炒青不足。再加热，促进香韵和味韵的形成，起到极其重要的作用。复炒后趁热适当复揉条索更为美观。

（2）机械炒青与揉捻。大生产上主要使用滚筒杀青机（110型和90型）。进青前筒温升至23℃以上。可以手感判断，手背朝筒中间伸入1/3处明显感觉烫手即可。每次进青量25~20kg。杀青时间为4~5分钟。至青气尽、清香显、叶质柔软、有黏性、减重率达40%~50%即可。炒青叶下机后趁热揉捻。

机揉用35型、40型乌龙茶揉捻机。此机型棱骨高锐，有利于揉叶成条。每桶投叶8~10kg。趁热揉捻，经6~20分钟，视叶子老嫩而定。揉捻时间不宜过长，以免产生璜味。揉至茶汁外露、茶条紧直时下机解块。

（3）炒青叶判断。成熟标准为叶色转暗，叶质柔软，富有黏性；青气消失，茶香显露，手抓茶叶握紧后无水溢出且有黏手感，即为适度。出叶时需快速，特别是最后出锅的尾量更需快速，否则，易过火变焦、碎末，俗称“拉锅现象”。杀青火候需要掌握前、中期旺火高温，后期低火直至出锅。

4. 干燥

（1）烘焙特点。岩茶烘焙过程十分细致。第一道烘焙俗称“抢水焙”，高温快速。手工烘焙在毛火后经摊晾拣剔，时间长达5~6小时，俗称“晾索”，使内含物进行充分的非酶性氧化和转化，使滋味趋向浓醇。因此，烘焙是岩茶色、香、味特有风格形成的重要环节。烘焙时，需分毛火与足火。对足干叶再行文火慢焙，俗称“炖火”或“吃火”，以增加岩茶色度与耐泡度，使茶汤更醇厚，香气进一步熟化。

（2）机械烘干。采用烘干机完成烘焙。毛火温度120~150℃，历时10~15分钟，下机毛火叶含水率20%~25%，经30~60分钟摊晾后足火。足火温度100~110℃，历时15~17分钟即达足干，毛茶含水率6%。水仙等品种梗、叶粗大肥厚，含水量大，烘温可较高；奇种等节间短、叶质薄、含水少的品种，烘温可酌情降低，时间适当缩短。

四、安溪铁观音的加工技术

安溪县位于福建省东南部。安溪铁观音为历史名茶，其外形条索圆结匀净、多呈螺钉形，身骨重实，色泽砂绿翠润，青腹绿蒂，俗称"蛙皮色"；内质香气清高馥郁，具有天然花香，汤色清澈金黄，滋味醇厚甜鲜，"音韵"明显。耐冲泡，七泡尚有余香，叶底肥厚软亮，匀整，青翠显红边。

安溪铁观音大规模生产采用机械制法，家庭制茶采用传统手工制法，工序基本相似，分为晒青、做青、炒青、揉捻、包揉、烘焙等工序。

1. 晒青

（1）分清时段。各时段的茶青分别处理。早青，先进厂鲜叶，薄摊于竹匾（当地称"笳苈"）上，以散发热量，保持鲜叶的新鲜度，称摊青，待下午一起晒青。午青，晴朗天气，通常在16：00~17：00时晒青，此时太阳西斜，阳光较弱，有利于晒青程度的控制，不至灼伤叶片。晚青，进厂时，太阳已下山，不能晒青，可将鲜叶薄摊，置通风处萎凋，或将鲜叶摊于晒场上，利用地面余热，促进水分蒸发，有助于摇青的进行。

晒青时将摊放叶收拢薄摊于笳苈内，每苈0.5~1kg，置阳光下照晒25~30分钟，其间翻拌1~2次，使晒青叶失水均匀。大量晒青用青席，每平方米摊叶1~1.5kg。

（2）晒青判断。铁观音叶质肥厚，主脉粗壮，含水分较多，叶面角质层稍厚，水分散发较慢，因此，晒青时间较长，晒青程度应稍足。晒至叶面失去光泽、叶色转暗绿、叶质柔软、以手持叶梢基部其顶 2 叶下垂为度。晒后青气减退，略有清香，减重率 7%~10%。晒青程度掌握宁轻勿重，以防死青。晒青适度，将晒青叶 2 苈并 1 苈，并轻翻散热，将叶摊均后移入青间，晾青 30~60 分钟，待晒青叶冷却后开始做青，以防热闷或红变。

2. 做青

（1）做青特点。做青是摇青与晾青多次反复交替进行的过程。摇青间要求一定的温度和湿度，以温度 21~24℃、空气相对湿度 70%~75%为宜。从铁观音做青规律看，摇青转数要逐次增加，静置时间要逐次延长，摊叶厚度要逐次增厚，发酵程度要逐次加深。看青做青是制茶经验的高度总结，也是品质形成不可或缺的。

（2）手工摇青。用半球形大竹筛，称“吊筛”。每次投叶 5~6kg，可在筛上加一横杠，用绳索悬挂其中，离地高度以方便操作为准。一人持筛作往复、上下抖动，叶子在筛内跳动翻滚，叶与筛壁或叶与叶之间相互碰撞摩擦，叶缘损伤均匀。

（3）机械摇青。采用电动圆筒摇青机（单筒或双筒），圆筒直径 80cm，长 150cm，容叶量 30~40kg，转速 28~30 转/分。也有变速的摇青机，转速 6~22 转/分，根据下叶量多少和红边程度来调整转速。

（4）做青判断。到达做青终点的标准是：青叶花香浓郁，嫩叶叶面背卷或隆起，红点明显，叶色黄绿，叶缘红色鲜艳，叶柄青绿色，呈“青蒂绿腹红镶边”。铁观音等中叶种，角质层较厚，应掌握“发酵中”，即红边充足、香气大起、花香浓郁时炒青，品质最佳；即为做青适度应及时炒青，防止香气减退和发酵过度。夏季气温高，青叶不宜厚堆，以防发热红变。

3. 炒青

炒青以高温短时、多闷少透、炒熟炒透为原则，为揉捻造型创造条件。铁观音揉捻采用热揉、重压、快速的方法，至叶初步紧卷成条即可。炒青时，投叶速度与投叶量要均匀，以防炒青不足或过度。以炒熟炒透、不生不焦为原则。炒至叶色转暗绿，叶张皱卷，手握炒青叶有黏感，叶质柔软，炒青适度，减重率约30%。

4. 揉捻、包揉与烘焙

炒青叶经初揉、初焙和初包揉而后足火，在烘焙与包揉交替中完成内含物的非酶性氧化过程。烘焙时，茶条水分渐减，随包揉的加强逐步塑造铁观音特有的外形与内质。

揉后初烘，高温、快速，使叶受热，可塑性增强，韧性加大，便于包揉造型。包揉用包揉机，待青叶初步成卷曲状下机复烘、复包揉，复烘、复包揉可反复多次。复包揉是进一步塑造紧曲外形和提供湿热条件下的内质转化的过程，至外形卷曲重实。最后一次包揉后，球包紧扎，使紧结外形得以固定，俗称“定形”。包揉除有造型作用外，对铁观音的香、味与色泽的发展也有重要影响。干燥采用低温慢焙。

至茶香清纯、花香馥郁、茶色油润起霜、达足干时下焙，摊晾后装袋贮运。机烘温度为90~100℃，历时20~25分钟，一次完成。

五、凤凰单枞的加工技术

凤凰单枞是广东乌龙茶的珍品，系选择优异的凤凰水仙单株，分株加工而成。凤凰单枞外形条索壮实，色泽青褐带黄润，似鲜蛙皮色，泛朱砂红点，汤色橙黄清澈，碗壁呈金黄色彩圈，香气浓烈悠长具独特天然花香。滋味浓郁醇爽，山韵风味强，润强回甘，极耐冲泡，叶底肥厚，红边绿腹。

凤凰单枞加工分为晒青、晾青、做青、炒青、揉捻、干燥等工序。每个工序须看茶青质地、气候变化等因素灵活掌握。

1. 晒青

将茶青均匀摊放在竹筛上，避免叶子重叠。于16：00~17：00时置于阳光下晒15~20分钟，晒时叶子不得翻动，以防损伤红变。

通常情况晒青程度以叶色转暗绿失去光泽、叶脉柔软、叶片贴筛、略有芳香为适度，减重率约10%。晒青过度，晒伤嫩叶造成“死青”，做青时不会“复活”，从而影响成茶品质，如茶汤苦涩而香气低沉，成茶外观无光泽而干枯；晒青不足，成茶青草气味重，汤色浑浊滋味苦。

2. 晾青

晾青是把已晒青适度的鲜叶移入室内进行摊晾，降低叶温，防止水分过度蒸发。方法是将2~3筛晒青叶并成1筛，晾青时间一般以20~35分钟为宜。

3. 做青

(1) 做青特点。做青包括碰青或摇青与静置2个反复交替进行的工序，是形成色、香、味的关键过程。做青房以温度23~25℃、空气相对湿度75%~80%较为理想。选择在19：00~20：00时后，天气凉爽、气温暖和时做青较为适合。

碰青是此种茶加工的重要技术措施。碰青手势要轻，手心向上，五指分开；注意勿贴筛底，轻捧叶片抖动翻接，翻成圈状凹形堆，让其均匀透气。碰青原则为先少碰后多碰、先轻碰后重碰，碰青时间2~6分钟。碰青后静置1~2小时。

高档茶全部采用碰青，全程5~6次。中档茶及产量大的茶厂则采用碰青和摇青相结合，一般第一、第二次用碰青，第三、第四次用摇青，第五、第六次则用摇笼摇青。具体视实际情况可以碰、摇青6次或7次。做青从19：00~20：00时至第二天清晨，需10~12小时。

（2）做青判断。以嗅到清香为宜，即青叶青花味消失，果花香明显。外观色泽叶面黄绿，表现是叶柄变柔软，叶脉水分消失，呈龟背状或呈汤匙状，叶脉在灯下是透明的；叶片边缘达到二成或三成红，呈银珠红、绿背、朱砂点。手翻动叶子有“沙沙”响声。

4. 炒青

炒青以“高温、快速、多闷、少透”为原则。使用2炒方法，中间结合揉捻，即2炒2揉。

手工炒青用平锅。第一次炒青温度130~140℃，时间4~5分钟；第二次炒青温度稍低，以120℃左右为宜，时间5分钟左右。注意温度要适当。温度过高易产生焦边焦叶，影响香气滋味；温度太低则易产生红梗红叶，造成青涩、香低味浊等。

炒青适度判断：叶色转黄绿，叶片皱卷柔软，手握略有黏手感，能成团，折梗不断；鼻闻无青草味，微显茶香，香味清纯。

5. 揉捻

由于单丛数量少，因此，以手工杀青手工揉捻。揉捻原则是要热揉、快揉，先轻揉后重揉，5分钟后再复炒复揉。也可用小型揉茶机揉捻，时间不超过10分钟。第一次揉后解块再炒1次，并稍散热，即进行第二次温揉，揉捻方法同第一次，揉捻时间为7—10分钟，至茶条紧结为适度。

6. 干燥

当地干燥一般用炭火烘干，须3~4次，中间摊晾2~3次，全程需要3~4小时。第一次烘干温度95℃左右，烘至五六成干；第二次烘干温度80~90℃，烘至七八成干；第三次烘干温度60~70℃，烘至九成干；第四次足火烘干，温度50~60℃，烘至足干，即成毛茶。

六、中国台湾乌龙茶的加工技术

中国台湾乌龙茶系清朝初年由福建传入，主要花色品种有冻顶乌龙、木栅铁观音、文山包种及乌龙茶等。其中，以冻顶乌龙茶品质最为优异。冻顶乌龙茶外形条索紧结弯曲，色泽墨绿鲜艳，带蛙皮白点，干茶芳香强劲，具浓郁蜜糖香。汤色橙黄，香气清芳，似桂花香。滋味醇厚甘润，回甘力强，耐冲泡。下面以冻顶乌龙茶为例介绍。

冻顶乌龙茶采制工艺十分讲究，鲜叶为清心乌龙等良种芽叶，经日光萎凋（晒青）、室内萎凋（静置与搅拌）、炒青、揉捻与解块、初烘、整形、复烘足干等工序制成。

1. 日光萎凋

将鲜叶薄摊于筛労上或麻布埕上，每平方米0.4~0.6kg。置于弱光下，温度以30~35℃为佳，不超过40℃，以免发生晒伤红变死青现象。

萎凋以手触摸茶青有如摸天鹅绒的柔软之感、并散发一种清香、第二叶失去光泽为适度。

2. 室内萎凋

室内萎凋即静置与搅拌，是品质形成的关键工序。将茶青移入青间，温度23~25℃，静置1~2小时，令茶青水分继续散发，叶态有萎缩。散发清香时开始第一次搅拌，时间要短，动作要轻，以免积水。搅拌次数全程以3~5次为宜，并要逐渐增加搅拌时间和加长静置时间，最后一次搅拌后静置到青味消失、清香气渐强为此工序完成。

3. 炒青

炒青温度140~160℃，时间5~7分钟，至无青气味，叶片柔软、清香显露即为适度。减重率35%~40%。使用圆筒式炒青机炒青时，当温度计显示260~280℃时即可投叶炒青，每筒投叶量 10~15kg。时间 4~6 分钟。该机设有排湿通气装置，一般投叶后约 2 分钟，见筒内蒸汽扩散时可鼓风 1~1.5 分钟，做到透、闷结合，适时排气，避免水闷味出现。经过 3~4 分钟后，原有“啪啪”声渐弱，青味渐失，继而出现悦人的茶叶熟香气味，手握炒青叶成团，不易弹散，有黏性，茶梗及叶脉柔软，揉之不出水，没有刺手感，即为适度。

4. 揉捻与解块

炒青叶下机后，用双手翻动 1~2 次，热气消散后，即可投叶揉捻。揉捻时间 3~5 分钟，当揉叶完全卷曲、紧结成条、茶汁适度挤出附着于茶条表面时即为适度。揉捻过程应视揉叶量调整压力，揉捻结束前先松压，条索才能紧结完整，便于布球整形。

揉叶下机后可用松包机或解块筛分机解块或用人工进行解块，以散发部分水分和热量，避免揉叶因闷热过久而变质，解散团块还有利于干燥均匀。通常在解块后 30 分钟应进行初烘。

5. 初烘

初烘机具可用自动烘干机或烘笼。烘干机进口风温为 110~150℃，摊叶厚 2~3cm，历时约 15 分钟。初烘要求迅速去除部分水分，增强茶条可塑性，便于包揉整形，含水率为 30%~35%。

初烘叶以手感微刺手为度。下机后立即将茶条均匀摊放在筛房上使之散热、回潮，促使茶条内部水分分布均匀。经摊晾回润后再行团揉（布包揉），容易卷曲成形且碎茶少。

6. 整形

整形的基本过程是：炒热→速包→松包→速包→球茶机包球，共需时 10~15 分钟。经过 2 个回次后可省去球茶机作业，重复炒热→速包→松包→速包→静包定形作业 4~6 回次，这样全程 6~8 回次。

此工序为球形或半球形外形的成形过程，作业特点是炒热整形。选用的配套机具有圆筒式炒青机、速包机、松包机、球茶机；配备一些包揉布和特制茶袋，布质要求卫生、柔软、光滑、韧性好、耐磨，大小为78cm×78cm。速包机、球茶机对布包叶量、体积大小有一定要求，叶量过多或过少均不利于成形。故整形前须先将初烘叶称重分装，一般每包6~8kg。

速包程度起初不宜过紧，以免产生扁条、团块；前期静包时间不宜长，以防闷热。随炒热次数的增加，速包程度渐紧，静包定形时间渐长。通常在茶条已紧结成球形或半球形、茶坯已冷却时，可束紧布巾固定60分钟左右，使其成为紧缩的球形，而后即行解包，进入复烘足干。

7. 复烘足干

通过复烘足干去除多余水分，防止茶叶劣变，促进茶叶紧结外形、发展香味。通常用自动式烘干机或手拉式烘干机或烘笼均可。采用2次干燥方法。烘干机进口风温105~110℃，摊叶厚2~3cm，烘时24分钟左右。下烘叶立即摊晾30~60分钟，避免外干内湿。而后再行足干，使茶叶水分控制在5%左右，手捻成粉末，外观色泽油润，干嗅茶香明显。下机后冷却，及时装袋，待精制加工。

第六节 其他茶加工

一、黑茶的加工技术

黑茶的鲜叶原料多数比较粗老，揉捻后经过渥堆发酵，或制成绿茶后再经后发酵而使叶色变黑，汤色深浓。

黑茶的加工工艺为杀青、揉捻、渥堆、干燥。其中渥堆是黑茶制造的特有工序，也是形成黑茶品质的关键工序。

1. 杀青

由于黑茶采摘的叶子粗老，含水量低，需高温快炒，翻动快匀，呈暗绿色即可。

2. 揉捻

杀青叶出锅后，立即趁热揉捻，易于塑造良好外形。揉捻方法与一般红、绿茶相同。

3. 渥堆

揉捻后的叶子，堆放在篾垫上，厚15~25cm，上盖湿布，并加盖物，以保湿保温，进行渥堆过程。渥堆进行中，应根据堆温变化，适时翻动1~2次。

关于渥堆的化学变化实质，目前尚未有定论，目前茶学界有酶促作用、微生物作用和湿热作用三种学说，但一般认为起主要作用的是水热作用，与黄茶的闷黄过程类似。

4. 干燥

有烘焙法、晒干法，以固定品质，防止变质。

二、黄茶的加工技术

黄茶主要包括湖南岳阳洞庭湖君山的“君山银针”，四川雅安、名山县的“蒙顶黄芽”和安徽霍山的“霍山黄芽”。黄茶的品质特点是黄汤黄叶，制法特点主要是闷黄过程，利用高温杀青破坏酶的活性，其后多酚物质的氧化作用则是由于湿热作用引起，并产生一些有色物质。变色程度较轻的，是黄茶，程度重的，则形成了黑茶。

黄茶典型工艺流程是杀青、闷黄、干燥。焖黄是工艺关键，揉捻不是黄茶必不可少的工艺。

1. 杀青

黄茶通过杀青，以破坏酶的活性，蒸发一部分水分，散发青草气，对香味的形成有重要作用。

2. 闷黄

闷黄是黄茶类制造工艺的特点，是形成黄色黄汤的关键工序。从杀青到干燥结束，都可以为茶叶的黄变创造适当的湿热工艺条件，但作为一个制茶工序，有的茶在杀青后闷黄，有的则在毛火后闷黄，有的闷炒交替进行。针对不同茶叶品质，方法不一，但殊途同归，都是为了形成良好的黄色黄汤品质特征。

影响闷黄的因素主要有茶叶的含水量和叶温。含水量多，叶温愈高，则湿热条件下的黄变过程也愈快。

3. 干燥

黄茶的干燥一般分几次进行，温度也比其他茶类偏低。

三、白茶的加工技术

白茶是我国特产，主产于福建省。白茶的干茶表面密布白色茸毫，其品质特征的形成，一是采摘多毫的幼嫩芽叶制成；二是制法上采取不炒不揉的晾晒烘干工艺。

目前，白茶种类不多，有芽茶（白毫银针）、叶茶（如贡眉）之分，制作工艺简单。

白毫银针制作工序为：茶芽、萎凋、烘焙、筛拣、复火、装箱。

白牡丹、贡眉工艺为：鲜叶、萎凋、烘焙（或阴干)、拣剔(或筛拣)、复火、装箱。

四、花茶的加工技术

花茶是将绿茶或红茶用鲜花拌和，使茶叶吸吸花香后而制成。其基本工艺流程为茶坯处理→鲜花维护→拌和窨花→通花散热→收堆续窨→出花分离→湿坯复火干燥→再窨或提花。

第六章　茶叶规模生产包装与贮藏

第一节　茶叶包装

一、茶叶品质变化的因素

1. 茶叶本身的特性

茶叶具有很强的吸湿性、氧化性和吸收异味的特性，是与茶叶本身组织结构和含有某些化学成分有密切的关系。

（1）吸湿性。茶叶是疏松多毛细管的结构体，在茶叶的表面到内部有许多不同直径的大小毛细管，贯通整个茶叶（指一颗茶叶）。同时，茶叶中含有大量亲水性的果胶物质。因此，茶叶就会随着空气中湿度增高而吸湿，增加茶叶水分含量。经实验证明：用珍眉二级茶暴露在相对湿度90%以上的条件下，过2小时后，茶叶水分由5.9%增加到8.2%，短短2小时，茶叶水分含量增加了2.3%，可见茶叶吸湿性极强。

（2）陈化性。陈化性是指氧化性。在储藏过程中茶多酚的非酶氧化（即自动氧化）仍在继续，这种氧化作用虽然不像酶性氧化那样激烈和迅速，但时间长了变化还是很显著的。其氧化不但使汤色加深，而且失去了滋味的鲜爽度。尤其是茶叶含水量高，在储藏环境温度高的条件下就更加快了茶叶的氧化。

（3）吸异味性。由于茶叶是疏松多毛细管的结构体，且含萜烯类和棕榈酸等物质，具有吸附异气味（包括花香）的特性。

茶叶在储存或运输过程中，必须严禁与一切有异味的商品（如肥皂、化妆品、药材、烟叶、化工原料等）存放在一起。使用的包装材料或运输工具等，都要注意干燥、卫生、无异味。否则，茶叶沾染了异味，轻则影响了茶叶香气和滋味，重则会失去茶叶饮用价值而遭受经济损失。

2. 与环境条件的关系

(1) 温度。温度是茶叶品质变化的主要因素之一，温度越高，变化越快。以绿茶的变化为例，实验结果表明，在一定范围内，温度每升高1℃，褐变速度要增加3~5倍。主要是茶叶中的叶绿素在热和光的作用下容易分解。同时，温度升高也加速了茶叶氧化（陈化）。因此，茶叶最好采用冷藏的方法，能有效地防止茶叶品质变化。

(2) 湿度。湿度是促使茶叶含水量增加的主要原因，水分增加了，提高了茶叶的氧化速度，从而导致茶叶水浸出物、茶多酚、叶绿素含量降低，红茶中的茶黄素、茶红素也随之下降，严重的会引起茶叶霉变。所以，茶叶在储存运输过程中必须重视加强防潮措施。

(3) 氧气。空气中约含20%的氧气，氧几乎能和所有物质起作用而形成氧化物。茶叶中的茶多酚、抗坏血酸、酯类、醛类、酮类等在自动氧化作用下，都会产生不良后果。目前，茶叶试用抽气冲氮包装，其目的就是杜绝茶叶与氧气接触，防止有效物质自动氧化。试用抽气充氮包装的结果，对保持品质效果很好。

(4) 光。光也是促使茶叶品质变化的因素之一。在紫外线的光照作用下，能使茶叶中的戊醛、丙醛、戊烯醇等物质发生光化反应，产生一种不愉快的异味（即日晒气味）。所以，在茶叶储藏或运输过程中要防止日晒，所用包装材料也应选用密封性能好，并且要采用能防止阳光直射的材料。

综上所述，可以看出茶叶品质的变化，受水分、温度、湿度、光线和氧气等多项因素的影响，尤其在高温高湿条件下，茶叶品质的劣变速度是最快最剧烈的。

二、茶叶的包装

茶叶包装是选用适当的容器或材料，并对容器及材料进行技术处理，将茶叶与外界隔离的一种装置。

1. 茶叶包装的基本要求

茶叶包装是商品茶流通的必要环节。茶叶商品包装，不仅关系到茶叶贮运流通过程中的静态保护（职防透气、防潮、防霉、防异味、防光照等）和动态保护（如防碰、防挤压、防跌落、防过度堆码等），可减少损耗，降低流通费用，而且可以加速茶叶商品流通，促进茶叶商品销售，便于市场营销。多样化的规格和美观的装潢，可满足不同层次消费者的需求，利于消费者的选购，显著提高茶叶产品的价值。

茶叶是一种饮用商品，包装材料必须保证质量，合乎卫生标准，外表美观大方，对消费者具有较强的吸引力。因此，茶叶包装应具备如下一些基本要求。

（1）茶叶包装要牢固、整洁、美观、密封、无毒、无味。

（2）茶叶在包装应标明茶叶类别、等级、唛号、批号、毛得、净重、国名、厂名等。

（3）茶叶小包装应符合食品标签通用标准的规定，标明茶叶品名、等级、净重、批号、生产日期、保存期限、贮藏指南、品饮方法、产品标准代号、商标、代码、厂名、厂址及联系电话等。

2. 茶叶包装的种类

按商品包装的分类原理和茶叶商品封闭包装的实际，茶叶包装可分为软包装和硬包装两大类，软包装有纸包装、纸箱包装、布袋包装、麻袋包装、塑料薄膜包装、铝箔包装、编织袋以及某些复合材料包装等；硬包装有木箱包装、胶合板包装、金属包装、竹器包装、玻璃包装、陶瓷包装以及硬质塑料包装等。茶叶包装如按不同的要求可细分为十类。

（1）按是否直接与消费者见面。可分为销售包装和运输包装。其中，销售包装主要有六类：①盒装；②袋装；③听装；④罐装；⑤袋泡装；⑥组合包装。

（2）按包装所用材料。可分为纸、布袋、麻袋、纸板、木箱、胶合板、金属、陶瓷、玻璃瓶、塑料材料、竹篾和复合材料包装等。

（3）按用户分类。可分为出口包装和内销包装。

（4）按贮运方式。可分为集合化包装和托盘包装。

（5）按包装层次。可分为内包装和外包装。前者是茶叶的内层包装，主要是容纳茶叶，防止茶叶与外界接触，防潮、防水、防异味，保持茶叶的品质；后者是为了便于运输和贮藏，或者为了便于装潢设计，提高茶叶包装的整体美感。

（6）按包装体大小。可分为小包装、中包装和大包装。销售包装多为小包装，运输包装多为大包装和中包装。

（7）按品质方法和包装技术。可分为真空包装、充氮包装、无菌包装、除氧包装和一般包装等。

（8）按包装使用次数。可分为一次性包装和耐用性卸装，回收包装和不回收包装。一次性包装是不回收的。而耐用性包装则可我少使用（如木箱、铁桶等）。

（9）按包装装潢及包装繁简程序。可分为简易包装和精包装。简易包装一般只是一层的普通包装；精包装有多层的复杂包装，外层包装讲究美观效果，注意文字及图案色彩。

（10）按包装方式及形式。可分为箱包装、袋包装、盒包装、瓶包装、罐包装、桶包装等。

第二节　茶叶常温贮藏

茶叶的大宗产品，多数是储存在常温下的仓库之内，称为常温储藏。

一、库房的基本要求

（1）仓库内要清洁卫生、干燥、阴凉、避光。备有垫仓板和温、湿度计及排湿度装置。库内温度不超过30℃，相对湿度设法控制在20℃以下。

（2）仓库方位，长以东西向，宽以南北向为宜，地势要高。仓库与仓库之间设置天棚，便于晴雨天装卸茶叶。

（3）仓库环境保持清洁卫生，无异味，四周排水通畅。在一定范围内不能有污染源，尤其是有毒气体。

（4）茶叶应专库储存，不得与其他物品混存、混放。应有防虫、防鼠设备，要定期清扫、消毒，保持卫生。

二、贮藏的基本要求

1. 保管要求

按进仓不同的茶叶包装批次分别堆放，注明品名、数量、重量和进仓日期。堆放应与地面相距25cm，与墙相距60cm，要留出通道行走。茶叶进出仓应轻装轻卸，发现破损应及时加固修补或调换。

2. 防潮要求

首先，要求贮存的茶叶含水量，要符合储藏的标准，从科学的角度要求茶叶含水量应在3%，才能保持茶不变质。超过6%就容易“陈化”，所以，茶叶贮存的含水量应控制在6%以下。其次，在阴雨天气，库房外面高湿、高温的情况下，不得进货取货，库房的门窗要封蔽，使仓库保持阴凉、干燥的环境。

3. 避光要求

光线直接照射，会使茶叶中的叶绿素等化学成分，引起变色，并出现“日晒味”，降低茶叶的品质。即使在低温及无氧条件下保鲜的茶叶，一旦受到强光照射，仍会使茶叶色泽劣变。所以，要求茶叶从加工后，到饮用前都要避光。

4. 隔热要求

高温会使茶叶的内含物质氧化加快，促使茶叶“陈化”加快。所以在夏季高温期间，要尽量保持仓库里的气温不超过30℃，还要采用既能隔热又能密封的容器贮存茶叶，在这样的环境中贮藏的茶叶，就能避开高温对质量的影响。

5. 防污染要求

茶叶由于含有棕榈酸和具有毛细孔多的结构，所以，具有很强的吸附性。茶叶很容易把周围的异味吸收到茶叶中，所以，在储藏保管时就要特别注意，不能与其他商品，特别是有味的商品存放在一起，更不能用有味的包装材料包装茶叶和不卫生的车辆运送茶叶。

第三节　茶叶冷库贮藏

一般将包装好的茶叶，堆放在0~10℃范围内称为冷藏。茶叶在冷藏条件下，品质变化较慢，其色、香、味保持新茶水平，是较理想的方法。冷库贮藏就是冷藏的一种主要方法。

一、茶叶冷库的作用

茶叶冷库主要用来保鲜茶叶，一般以配有：冷库保温库房，冷库门，自动温度控制系统，制冷压缩机冷却系统，冷库吊顶冷风机，具有自动控温，除湿的功能，温度控制在0~8℃，可自由设定库内的温度，相对湿度控制 65%以下，彻底解决茶叶在高温，高湿下易酶化变黄变质，采用茶叶冷库降温，降湿，从而达到茶叶保鲜保绿的目的。其特点是投资小、见效快，专为茶场、茶叶经销公司作为名优新茶保鲜贮藏之用，是茶叶保鲜的必备设备。

二、茶叶冷库的分类

1. 按冷库容量规模分

目前，冷库容量划分也未统一，一般分为大、中、小型。大型冷库的冷藏容量在 10 000t 以上；中型冷库的冷藏容量在 1 000~10 000t；小型冷库的冷藏容量在 1 000t以下。

2. 按冷库的冷藏设计温度分

冷库的冷藏设计温度分为高温、中温、低温和超低温四大类冷库。

（1）一般高温冷库的冷藏设计温度在-2~8℃。

（2）中温冷库的冷藏设计温度在-23~-10℃。

（3）低温冷库，温度一般在-30~-23℃。

（4）超低速冻冷库温度一般为-80~-30℃。

3. 按形式分

冷库的冷藏可分为组合式冷库和固定式冷库。

组合式冷库容积相对较小，可拆卸可组装，安装灵活机动，保温性好，安全方便，但价格相对较高，适和茶叶小型企业和零售部门贮藏高档名优绿茶使用。自建式冷库容积相对较大，只能固定使用，但投资相对较小，制冷设备选择余地大，适合大规模贮藏名优绿茶使用。冷库的制冷量应根据库房大小和贮藏多少而定，一般以配有自动温控系统，制冷系统、冷却系统，具有自动调温、除湿的功能。

三、茶叶冷库的使用

在茶叶贮藏前，要先把茶叶盛放在密闭的包装容器中，且不能与其他有异味的物品放在一起。在新冷库初次使用前，或者使用中库内相对湿度超过65%时，应及时进行换气排湿。冷库长期使用后，库内会出现异味，对茶叶品质不利，应及时换气，一般要求2—3年应对库房进行一次彻底清扫，以保持库内清洁和空气清新。

名优绿茶最好放入温度设定在5~8℃冷库保存，天气越热设定温度尽可能调高从而减少茶叶与空气间的温差，同时，也让保鲜设备减少了运转时间，不会超负荷运转延长使用寿命，也节约了用电量。

名优绿茶在冷藏过程中，由于库内外湿度相差较大，从库内取茶叶时，应先将茶袋搬出库房，待袋内茶叶逐步升温至接近室温时才可拆开袋口。如果出库后随即打开茶袋，空气中的水蒸气遇温度较低的茶叶，会液化成小水珠而使茶叶受潮，加速茶叶陈化。

第七章　茶叶规模生产成本核算与产品销售

第一节　茶叶产业政策与生产补贴

一、茶叶产业政策

1. 茶叶产业标准

（1）《食品中农药最大残留限量》。由农业部与卫生部联合发布的食品安全国家标准《食品中农药最大残留限量》正式实施。新标准中，将茶叶定义为饮料类产品，与咖啡、代用茶同属一类，这表明今后上市销售的茶叶产品必须符合25项农残限量。

（2）《预包装食品标签通则》。将适用范围扩大为直接提供给消费者的预包装食品标签和非直接提供给消费者的预包装食品标签，并明确指出不适用于为预包装食品在储藏运输过程中提供保护的食品储运包装标签、散装食品和现制现售食品的标志，使标准的适用范围更加明确。

（3）《茶叶包装通则》和《茶叶贮存通则》。新的茶叶通则是在原行业标准的基础上指定的，对我国茶叶的包装和贮存的要求都进行了相关的说明。

2. 茶叶产业政策

（1）《国务院关于加强食品安全工作的决定》。明确加强食品安全工作的工作目标，进一步健全食品安全监管体系，加大食品安全监管力度等。

（2）《国务院关于支持农业产业化龙头企业发展的意见》。对加快发展农业产业化经营，做大做强龙头企业提出了相应的指导意见。

（3）《现代农业发展规划（2011-2015 年）》。“十二五”期间，要完善生猪、棉花、食糖、边销茶等调控预案，制定鲜活农产品调控办法。

（4）《关于继续执行边销茶增值税政策的通知》。自 2011 年 1 月 1 日起至 2015 年 12 月 31 日，对部分边销茶生产企业销售自产的边销茶及经销企业销售的边销茶免征增值税。

（5）《全国种植业发展第十二个五年规划》（2011－2015 年）。深入实施优势区域布局规划，建设棉花、油料、糖料、蔬菜、水果、茶叶等工业原料及园艺作物优势突出和特色鲜明的产业带。在蔬菜、水果、茶叶优势（重点）发展区域，选择基础条件较好的农民专业合作组织和龙头企业，建设蔬菜、柑橘、苹果、梨、香蕉、葡萄、茶叶等标准化生产基地。

（6）出口退税政策。为进一步扶持我国茶叶企业，减少茶企税赋负担，提升其国际竞争力，我国茶叶出口退税率提高 2 个百分点，由 13%升至 15%。

（7）《中华人民共和国企业所得税法实施条例》。企业从事茶种植项目的所得减半征收企业所得税；企业从事农产品初加工项目的所得，免征企业所得税。

二、茶叶生产补贴

2016 年，国家落实发展新理念加快农业现代化促进农民持续增收政策措施有 52 项，其中与茶叶生产有关的如下。

1. 农业支持保护补贴政策

为提高农业补贴政策效能，2015 年，国家启动农业“三项补贴”改革，将种粮直补、农资综合补贴、良种补贴合并为“农业支持保护补贴”，政策目标调整为支持耕地地力保护和粮食适度规模经营。主要调整措施是：一是将80%的农资综合补贴存量资金，加上种粮农民直接补贴和农作物良种补贴资金，用于耕地地力保护。补贴对象为所有拥有耕地承包权的种地农民，享受补贴的农民要做到耕地不撂荒，地力不降低。补贴资金与耕地面积或播种面积挂钩，对已作为畜牧养殖场使用的耕地、林地、成片粮田转为设施农业用地、非农业征（占）用耕地等已改变用途的耕地，以及长年抛荒地、占补平衡中“补”的面积和质量达不到耕种条件的耕地等不再给予补贴。鼓励秸秆还田，不露天焚烧秸秆。这部分补贴资金以现金直补到户。2015年，选择在安徽、山东、湖南、四川和浙江等5个省开展试点。二是将20%的农资综合补贴存量资金，加上种粮大户补贴资金和农业“三项补贴”增量资金，支持发展多种形式的粮食适度规模经营，重点支持建立完善农业信贷担保体系，向种粮大户、家庭农场、农民合作社、农业社会化服务组织等新型经营主体倾斜，体现“谁多种粮食，就优先支持谁”。2016年，农业支持保护补贴政策将在全国范围推开。

2. 农机购置补贴政策

2016年，农机购置补贴政策在全国所有农牧业县（场）范围内实施，补贴对象为直接从事农业生产的个人和农业生产经营组织，补贴机具种类为十一大类43个小类137个品目，各省可结合实际从中确定具体补贴机具种类。农机购置补贴政策实施方式实行自主购机、县级结算、直补到卡（户），补贴标准由省级农机化主管部门按规定确定，不允许对省内外企业生产的同类产品实行差别对待。一般机具的中央财政资金单机补贴额不超过5万元；挤奶机械、烘干机单机补贴额不超过12万元；100马力以上大型拖拉机、高性能青饲料收获机、大型免耕播种机、大型联合收割机、水稻大型浸种催芽程控设备单机补贴额不超过 15 万元；200 马力以上拖拉机单机补贴额不超过 25 万元；大型甘蔗收获机单机补贴额不超过 40 万元；大型棉花采摘机单机补贴额不超过 60 万元。

3. 农机报废更新补贴试点政策

2016 年，农业部、财政部继续在江苏等 17 个省（市、区）开展农机报废更新补贴试点工作，尚未开展试点的省份可自主决定是否开展，鼓励非试点省份结合本省实际开展试点，加快淘汰老旧农机。农机报废更新补贴与农机购置补贴相衔接，同步实施。报废补贴机具种类是已在农业机械安全监理机构登记，并达到报废标准或超过报废年限的拖拉机和联合收割机。农机报废更新补贴标准按报废拖拉机、联合收割机的机型和类别确定，拖拉机根据马力段的不同补贴额从 500 元到 1.1 万元不等，联合收割机根据喂入量（或收割行数）的不同分为 3 000元到 1.8 万元不等。

4. 农机深松整地作业补助政策

纳入《全国农机深松整地作业实施规划（2016—2020 年》的省份可结合实际，在适宜地区开展农机深松整地作业补助试点项目，所需资金从 2016 年中央财政下达各省（垦区）的农机购置补贴资金中统筹安排。补助对象为项目区内自愿实施农机深松整地的农民（包括农场职工），或者开展农机深松整地作业的农机服务组织（农机户）。项目区以外的，暂不享受补助政策。补助标准由各有关省（垦区）综合考虑本地农机深松整地的技术模式、成本费用、农民意愿、规划任务等因素自主确定。采取“先作业后补助、先公示后兑现”的方式，向农民或农机户发放农机深松整地作业补助。

5. 测土配方施肥补助政策

2016 年，中央财政安排测土配方施肥专项资金 7 亿元，深入推进测土配方施肥，结合“到2020年化肥使用量零增长行动”，选择一批重点县开展化肥减量增效试点。创新实施方式，依托新型经营主体和专业化农化服务组织，集中连片整体实施，促进化肥减量增效、提质增效，着力提升科学施肥水平。2016年，项目区测土配方施肥技术覆盖率达到90%以上，畜禽粪便和农作物秸秆养分还田率显著提高，配方肥推广面积和数量实现“双增”，主要农作物施肥结构、施肥方式进一步优化。

6. 耕地轮作休耕试点政策

十八届五中全会建议提出，探索实行耕地轮作休耕制度试点。农业部在开展实地调研并组织专家深入研究的基础上，拟定了《耕地轮作休耕制度试点方案》，提出今后5年轮作休耕试点的思路原则、目标任务、技术路径、重点区域、补助标准和保障措施。总的考虑，坚持生态优先、轮作为主、休耕为辅、自然恢复的方针，以保障国家粮食安全和不影响农民收入为前提，突出重点区域、加大政策扶持、强化科技支撑，加快构建用地养地结合的耕作制度体系。对于轮作，重点在“镰刀弯”地区开展试点，探索建立粮豆、粮油、粮饲等轮作制度。对于休耕，选择地下水漏斗区、重金属污染区、生态严重退化地区，探索建立季节性、年度性休耕模式，促进资源永续利用和农业持续发展。按照五中全会建议说明中提出的“对休耕农民给予必要的粮食或现金补助”的要求，农业部会同有关部门在整合现有项目资金的同时，结合湖南重金属污染区综合治理试点和河北地下水超采综合治理试点项目，支持开展耕地轮作休耕制度试点。

7. 菜果茶标准化创建支持政策

当前，园艺作物标准化创建重点是在强基础、提质量上下功夫，进一步扩大规模、提升档次，在蔬菜、水果、茶叶优势区域集中连片推进。园艺作物标准园创建过程中，与老果（茶）园改造、农业综合开发、植保专业化统防统治、农药化肥零增长行动等项目实施紧密结合，紧紧围绕提高产品质量和产业素质，打造一批规模化种植、标准化生产、商品化处理、品牌化销售和产业化经营的高标准、高水平的蔬菜、水果、茶叶标准园和标准化示范区。

8. 化肥、农药零增长支持政策

2016 年，按照《到 2020 年化肥使用量零增长行动方案》的要求，以用肥量大的玉米、蔬菜、水果等作物为重点，选择一批重点县开展化肥减量增效试点。一是大力推广化肥减量增效技术。依托规模化新型经营主体，建立化肥减量增效示范区，示范带动农户采用化肥减量增效技术，推进农机农艺结合改进施肥方式，提高化肥利用率。二是大力推动配方肥到田。开展农企合作推广配方肥活动，探索实施配方肥、有机肥到田补贴，推动配方肥、有机肥和高效新型肥料进村入户到田，优化肥料使用结构。三是大力推进社会化服务。积极探索政府购买服务有效模式，充分利用现代信息技术和电子商务平台，支持社会化农化服务组织开展科学施肥服务，深入开展测土配方施肥手机信息服务。

2016 年，按照《到 2020 年农药使用量零增长行动方案》，大力推进统防统治、绿色防控、科学用药，减少农药使用量，提高利用率。一是推进统防统治与绿色防控融合。结合实施重大农作物病虫害统防统治补助项目，扶持专业化服务组织，推进统防统治与绿色防控融合，实现病虫综合防治、农药减量控害。二是开展蜜蜂授粉与病虫害绿色防控技术集成示范。扶持建立一批示范区，组装集成技术模式，推广绿色防控技术，保护利用蜜蜂授粉，实现增产、提质、增收及农药减量。三是实施低毒生物农药示范补贴试点。2016 年财政专项安排 996 万元，继续在北京等 17 个省（市）的 48 个蔬菜、水果、茶叶等园艺作物生产大县开展低毒生物农药示范补助试点，补助农民因采用低毒生物农药增加的用药支出，鼓励和带动低毒生物农药推广应用。

9. 耕地保护与质量提升补助政策

2016年，中央财政安排专项资金8亿元，在全国部分县（场、单位），开展耕地质量建设试点。按照因地制宜、分类指导、综合施策的原则，推广应用秸秆还田、增施有机肥、种植绿肥等技术模式。一是退化耕地综合治理。重点是南方土壤酸化（包括潜育化）和北方土壤盐渍化的综合治理。施用石灰和土壤调理剂，开展秸秆还田或种植绿肥等。二是污染耕地阻控修复。重点是土壤重金属污染修复和白色（残膜）污染防控。施用石灰和土壤调理剂调酸钝化重金属，开展秸秆还田或种植绿肥等。三是土壤肥力保护提升。重点是秸秆还田、增施有机肥、种植绿肥。此外，中央财政安排专项资金5亿元，继续在东北四省区17个县（场）开展黑土地保护利用试点，综合运用复合型农艺措施，遏制黑土退化趋势，探索黑土地保护利用的技术模式和工作机制。

10. 加强高标准农田建设支持政策

2013年，经国务院同意，国家发改委印发了《全国高标准农田建设总体规划》，提出到2020年，全国建成8亿亩高标准农田。2014年，为规范高标准农田建设、统一建设要求，国家标准化委员会发布了《高标准农田建设通则》。2016年，中央“1号文件”明确要求，到2020年确保建成8亿亩、力争建成10亿亩集中连片、旱涝保收、稳产高产、生态友好的高标准农田，优先在粮食主产区建设确保口粮安全的高标准农田。目前，建设高标准农田的投资主要有，国土资源部国土整治、财政部农业综合开发、国家发改委牵头的新增千亿斤粮食产能田间工程建设和水利部农田水利设施建设补助等。

11. 设施农用地支持政策

2014年，国土资源部、农业部联合印发了《关于进一步支持设施农业健康发展的通知》（国土资发〔2014〕127号），进一步完善了设施农用地支持政策。一是将规模化粮食生产所必需的配套设施用地纳入“设施农用地”范围。在原有生产设施用地和附属设施用地基础上，明确“配套设施用地”为设施农用地。将农业专业大户、家庭农场、农民合作社、农业企业等从事规模化粮食生产所必需的配套设施用地，包括晾晒场、粮食烘干设施、粮食和农资临时存放场所、大型农机具临时存放场所等设施用地按照农用地管理。二是将设施农用地由“审核制”改为“备案制”。按照国务院清理行政审批事项的要求，设施农用地实行“备案制”管理，细化用地原则、标准和规模等规定，强化乡镇、县级人民政府和国土、农业部门监管职责。三是细化设施农用地管理要求。明确设施农用地占用耕地不需补充耕地，使用后复垦，解决了“占一补一”难题。鼓励地方政府统一建设公用设施，提高农用设施利用效率。对于非农建设占用设施农用地的，应依法办理农用地转用手续并严格执行耕地占补平衡规定。

12. 种植业结构调整政策

2015 年 11 月，农业部制定下发《农业部关于“镰刀弯”地区玉米结构调整的指导意见》，提出通过适宜性调整、种养结合型调整、生态保护型调整、种地养地结合型调整、有保有压调整、围绕市场调整等路径，调整优化非优势区玉米结构，力争到 2020 年，“镰刀弯”地区玉米面积调减 5 000万亩以上。重点发展青贮玉米、大豆、优质饲草、杂粮杂豆、春小麦、经济林果和生态功能型植物等，推动农牧紧密结合、产业深度融合，促进农业效益提升和产业升级。2016 年，农业部整合项目资金，支持“镰刀弯”地区开展种植结构调整，改变玉米连作模式，实现用地养地相结合，促进农业可持续发展。同时，中央财政安排 1 亿元资金，支持开展马铃薯产业开发试点，研发不同马铃薯粉配比的馒头、面条、米线及其他区域性特色产品，改善居民饮食结构，打造小康社会主食文化。

13. 推进现代种业发展支持政策

2016 年，国家继续推进种业体制改革，强化种业政策支持，促进现代种业发展。一是深入推进种业领域科研成果权益改革。在总结权益改革试点经验基础上，研究出台种业领域科研成果权益改革指导性文件，通过探索实践科研成果权益分享、转移转化和科研人员分类管理政策机制，激发创新活力，释放创新潜能，促进科研人员依法有序向企业流动，切实将改革成果从试点单位扩大到全国种业领域，推动我国种业创新驱动发展和种业强国建设。二是推进现代种业工程建设。2016 年根据《“十三五”现代种业工程建设规划》和年度投资指南要求，建设国家农作物种植资源保存利用体系、品种审定试验体系、植物新品种测试体系以及品种登记及认证测试能力建设，支持育繁推一体化种子企业加快提升育种创新能力，推进海南、甘肃和四川国家级育制种基地和区域性良种繁育基地建设，全面提升现代种业基础设施和装备能力。三是继续实施中央财政对国家制种大县（含海南南繁科研育种大县）奖励政策，采取择优滚动支持的方式加大奖补力度，支持制种产业发展。

14. 农产品质量安全县创建支持政策

2014 年，国家启动农产品质量安全县创建活动，围绕“菜篮子”产品主产县，突出落实属地责任、加强全程监管、强化能力提升、推进社会共治，充分发挥地方的主动性和创造性，探索建立行之有效的农产品质量安全监管制度机制，引导带动各地全面提升农产品质量安全监管能力和水平。2015 年，农业部认定了首批 103 个农产品质量安全县和 4 个农产品质量安全市创建试点单位，中央财政安排每个创建试点县 100 万元、每个创建试点市 150 万元的财政补助资金，支持农产品质量安全县创建活动。2016 年及今后一段时期，将逐步扩大创建范围，力争 5 年内基本覆盖“菜篮子”产品主产县，同时提升创建县的农产品质量安全监管能力和水平，做到“五化”(生产标准化、发展绿色化、经营规模化、产品品牌化、监管法治化)，实现“五个率先”(率先实现网格化监管体系全建立、率先实现规模基地标准化生产全覆盖、率先实现从田头到市场到餐桌的全链条监管、率先实现主要农产品质量全程可追溯、率先实现生产经营主体诚信档案全建立)，成为标准化生产和依法监管的样板区。

15. 农产品产地初加工补助政策

2016 年，中央财政安排资金 9 亿元用于实施农产品产地初加工补助政策。补助政策将进一步突出扶持重点，向优势产区、新型农业经营主体、老少边穷地区倾斜。强化集中连片建设，实施县原则上调整数量不超过上年的 30%。提高补贴上限，每个专业合作社补助贮藏设施总库容不超过 800t（数量不超过 5 座)，每个家庭农场补助贮藏设施总库容不超过 400t（数量不超过 2 座)。

16. 培育新型职业农民政策

2016 年中央财政安排 13.9 亿元农民培训经费，继续实施新型职业农民培育工程，在全国 8 个省、30 个市和 500 个示范县(含 100 个现代农业示范区）开展重点示范培育，探索完善教育培训、规范管理、政策扶持“三位一体”的新型职业农民培育制度体系。实施新型农业经营主体带头人轮训计划，以专业大户、家庭农场主、农民合作社骨干、农业企业职业经理人为重点对象，强化教育培训，提升创业兴业能力。继续实施现代青年农场主培养计划，新增培育对象 1 万名。

17. 基层农技推广体系改革与建设补助政策

2016 年，中央财政继续安排 26 亿元资金，支持各地加强基层农技推广体系改革与建设，以服务主导产业为导向，以提升农技推广服务效能为核心，以加强农技推广队伍建设为基础，以服务新型农业生产经营主体为重点，健全管理体制，激活运行机制，形成中央地方齐抓共管、各部门协同推进、产学研用相结合的农技推广服务新格局。中央财政资金主要用于农业科技示范基地建设、基层农技人员培训、科技示范户培育、农技人员推广服务补助等。

18. 培养农村实用人才政策

2016年，继续开展农村实用人才带头人和大学生村官示范培训工作，全年计划举办170余期示范培训班，面向全国特别是贫困地区遴选1.7万多名村“两委”成员、家庭农场主、农民合作社负责人和大学生村官等免费到培训基地考察参观、学习交流。全面推进以新型职业农民为重点的农村实用人才认定管理，积极推动有关扶持政策向高素质现代农业生产经营者倾斜。组织实施“全国十佳农民”2016年度资助项目，遴选10名从事种养业的优秀职业农民、每人给予5万元的资金资助。组织实施“农业科教兴村杰出带头人”和“全国杰出农村实用人才”资助项目。

19. 扶持家庭农场发展政策

2016年，国家有关部门将采取一系列措施引导支持家庭农场健康稳定发展，主要包括：建立农业部门认定家庭农场名录，探索开展新型农业经营主体生产经营信息直连直报。继续开展家庭农场全面统计和典型监测工作。鼓励开展各级示范家庭农场创建，推动落实涉农建设项目、财政补贴、税收优惠、信贷支持、抵押担保、农业保险、设施用地等相关政策。加大对家庭农场经营者的培训力度，鼓励中高等学校特别是农业职业院校毕业生、新型农民和农村实用人才、务工经商返乡人员等兴办家庭农场。

20. 扶持农民合作社发展政策

国家鼓励发展专业合作、股份合作等多种形式的农民合作社，加强农民合作社示范社建设，支持合作社发展农产品加工流通和直供直销，积极扶持农民发展休闲旅游业合作社。扩大在农民合作社内部开展信用合作试点的范围，建立风险防范化解机制，落实地方政府监管责任。2015 年，中央财政扶持农民合作组织发展资金 20 亿元，支持发展粮食、畜牧、林果业合作社。落实国务院“三证合一”登记制度改革意见，自 2015 年 10 月 1 日起，新设立的农民专业合作社领取由工商行政管理部门核发加载统一社会信用代码的营业执照后，无需再次进行税务登记，不再领取税务登记证。农业部在北京、湖北、湖南、重庆等省市开展合作社贷款担保保费补助试点，以财政资金撬动对合作社的金融支持。2016 年，将继续落实现行的扶持政策，加强农民合作社示范社建设，评定一批国家示范社；鼓励和引导合作社拓展服务内容，创新组织形式、运行机制、产业业态，增强合作社发展活力。

21. 扶持农业产业化发展政策

2016 年中央“1 号文件”明确提出完善农业产业链与农民的利益联结机制，促进农业产加销紧密衔接、农村一、二、三产业深度融合，推进农业产业链整合和价值链提升，让农民共享产业融合发展的增值收益。国家有关部委将支持农业产业化龙头企业建设稳定的原料生产基地、为农户提供贷款担保和资助订单农户参加农业保险。深入开展土地经营权入股发展农业产业化经营试点，引导农户自愿以土地经营权等入股龙头企业和农民合作社，采取“保底收益+按股分红”等方式，让农民以股东身份参与企业经营、分享二、三产业增值收益。加快“一村一品”专业示范村镇建设，支持示范村镇培育优势品牌，提升产品附加值和市场竞争力，推进产业提档升级。

22. 农业电子商务支持政策

2016 年，中央“1 号文件”明确提出促进农村电子商务加快发展。农业部会同国家发改委、商务部制定的《推进农业电子商务行动计划》提出开展两年一次的农业农村信息化示范基地申报认定工作，并向农业电子商务倾斜。农业部与商务部等 19 部门联合印发的《关于加快发展农村电子商务的意见》提出鼓励具备条件的供销合作社基层网点、农村邮政局所、村邮站、信息进村入户村级信息服务站等改造为农村电子商务服务点。支持种养大户、家庭农场、农民专业合作社等，对接电商平台，重点推动电商平台开设农业电商专区、降低平台使用费用和提供互联网金融服务等，实现“三品一标”“名特优新”“一村一品”农产品上网销售。鼓励新型农业经营主体与城市邮政局所、快递网点和社区直接对接，开展生鲜农产品“基地+社区直供”电子商务业务。组织相关企业、合作社，依托电商平台和“万村千乡”农资店等，提供测土配方施肥服务，并开展化肥、种子、农药等生产资料电子商务，推动放心农资进农家。以返乡高校毕业生、返乡青年、大学生村官等为重点，培养一批农村电子商务带头人和实用型人才。引导具有实践经验的电商从业者返乡创业，鼓励电子商务职业经理人到农村发展。进一步降低农村电商人才就业保障等方面的门槛。指导具有特色商品生产基础的乡村开展电子商务，吸引农民工返乡创业就业，引导农民立足农村、对接城市，探索农村创业新模式。农业部印发的《农业电子商务试点方案》提出，在北京、河北、吉林、湖南、广东、重庆、宁夏等 7 省（市、区）重点开展鲜活农产品电子商务试点，吉林、黑龙江、江苏、湖南等 4 省重点开展农业生产资料电子商务试点，北京、海南开展休闲农业电子商务试点。此外，农业部还将组织阿里巴巴、京东、苏宁等电商企业与现代农业示范区、农产品质量安全县、农业龙头企业对接，加快农业电子商务发展。

23. 农业保险支持政策

目前，中央财政提供农业保险保费补贴的品种包括种植业、养殖业和森林 3 大类，共 15 个品种，覆盖了水稻、小麦、玉米等主要粮食作物以及棉花、糖料作物、畜产品等，承保的主要农作物突破 14.5 亿亩，占全国播种面积的 59%，三大主粮作物平均承保覆盖率超过 70%。各级财政对保费累计补贴达到 75%以上，其中中央财政一般补贴 35%～50%，地方财政还对部分特色农业保险给予保费补贴，构建了“中央支持保基本，地方支持保特色”的多层次农业保险保费补贴体系。

2015 年，保监会、财政部、农业部联合下发《关于进一步完善中央财政保费补贴型农业保险产品条款拟定工作的通知》，推动中央财政保费补贴型农业保险产品创新升级，在几个方面取得了重大突破。一是扩大保险范围。要求种植业保险主险责任要涵盖暴雨、洪水、冰雹、冻灾、旱灾等自然灾害以及病虫草鼠害等。养殖业保险将疾病、疫病纳入保险范围，并规定发生高传染性疾病政府实施强制扑杀时，保险公司应对投保户进行赔偿（赔偿金额可扣除政府扑杀补贴）。二是提高保障水平。要求保险金额覆盖直接物化成本或饲养成本，鼓励开发满足新型经营主体的多层次、高保障产品。三是降低理赔门槛。要求种植业保险及能繁母猪、生猪、奶牛等按头（只）保险的大牲畜保险不得设置绝对免赔，投保农作物损失率在 80%以上的视作全部损失，降低了赔偿门槛。四是降低保费费率。以农业大省为重点，下调保费费率，部分地区种植业保险费率降幅接近 50%。

2016 年初，财政部出台《关于加大对产粮大县三大粮食作物农业保险支持力度的通知》，规定省级财政对产粮大县三大粮食作物农业保险保费补贴比例高于 25%的部分，中央财政承担高出部分的 50%。政策实施后，中央财政对中西部、东部的补贴比例将由目前的 40%、35%，逐步提高至 47.5%、42.5%。

24. 财政支持建立全国农业信贷担保体系政策

2015 年，财政部、农业部、银监会联合下发《关于财政支持建立农业信贷担保体系的指导意见》（财农［2015］121 号），提出力争用3年时间建立健全具有中国特色、覆盖全国的农业信贷担保体系框架，为农业尤其是粮食适度规模经营的新型经营主体提供信贷担保服务，切实解决农业发展中的“融资难”“融资贵”问题，支持新型经营主体做大做强，促进粮食稳定发展和农业现代化建设。

全国农业信贷担保体系主要包括国家农业信贷担保联盟、省级农业信贷担保机构和市、县农业信贷担保机构。中央财政利用粮食适度规模经营资金对地方建立农业信贷担保体系提供资金支持，并在政策上给予指导。财政出资建立的农业信贷担保机构必须坚持政策性、专注性和独立性，应优先满足从事粮食适度规模经营的各类新型经营主体的需要，对新型经营主体的农业信贷担保余额不得低于总担保规模的70%。在业务范围上，可以对新型经营主体开展粮食生产经营的信贷提供担保服务，包括基础设施、扩大和改进生产、引进新技术、市场开拓与品牌建设、土地长期租赁、流动资金等方面，还可以逐步向农业其他领域拓展，并向与农业直接相关的二三产业延伸，促进农村一、二、三产业融合发展。

25.发展农村合作金融政策

2016年，国家继续支持农民合作社和供销合作社发展农村合作金融，进一步扩大在农民合作社内部开展信用合作试点的范围，不断丰富农村地区金融机构类型。坚持社员制、封闭性原则，在不对外吸储放贷、不支付固定回报的前提下，以具备条件的农民合作社为依托，稳妥开展农民合作社内部资金互助试点，引导其向“生产经营合作+信用合作”延伸。进一步完善对新型农村合作金融组织的管理监督机制，金融监管部门负责制定农村信用合作组织业务经营规则和监管规则，地方政府切实承担监管职责和风险处置责任。鼓励地方建立风险补偿基金，有效防范金融风险。

第二节　市场信息与生产决策

一、农产品市场调研

农产品市场调研就是针对农产品市场的特定问题。系统且有目的地收集、整理和分析有关信息资料，为农产品的种植、营销提供依据和参考。

1. 农产品市场调查的内容

（1）农产品市场环境调查。主要了解国家有关茶叶生产的政策、法规，交通运输条件，居民收入水平、购买力和消费结构等。

（2）农产品市场需求调查。一是市场需求调查。国内外在一定时段内对茶叶产品的需求量、需求结构、需求变化趋势、需求者购买动机、外贸出口及其潜力调查。二是市场占有率调查。是指茶叶产品加工企业在市场所占的销售百分比。

（3）农产品调查。一是产品品种调查。重点了解市场需要什么品种，需要数量多少，农户种植的品种是否适销对路。二是产品质量调查。调查产品品质等。三是产品价格调查。调查近几年茶叶种植成本、供求状况、竞争状况等，及时调整生产计划，确定自己的价格策略。四是产品发展趋势调查。通过调查茶叶产品销售趋势，确定自己的投入水平、生产规模等。

（4）农产品销售调查。一是产品销路。重点对销售渠道，以及产品在销售市场的规模和特点进行调查。二是购买行为。调查企业对农产品的购买动机、购买方式等因素。三是农产品竞争。调查竞争形势，即茶叶生产的竞争力和竞争对手的特点。

2. 农产品市场调查方法

主要是收集资料的方法：一是直接调查法，主要有访问法、观察法和试验法。二是间接调查法或文案调查法，即收集已有的文献资料并整理分析。

(1) 文案调查法。文案调查法就是对现有的各种信息、情报资料进行收集、整理与分析。主要有5条途径。

①收集农产品经营者内部资料：主要包括不同区域与不同时间的销售品种和数量、稳定用户的调查资料、广告促销费用、用户意见、竞争对手的情况与实力、产品的成本与价格构成等。

②收集政府部门的统计资料和法规政策文件：主要包括政府部门的统计资料、调查报告，政府下达的方针、政策、法规、计划，国外各种信息和情报部门发布的消息。

③到互联网上收集信息：可以经常关注中国农产品市场网、中国农业信息网、中国惠农网等。

④到图书馆收集信息：借阅或查阅有关图书、期刊，了解茶叶生产情况。

⑤观看电视：收看电视新闻节目，了解政府最新政策动向和市场环境变化情况；可以关注CCTV7农业频道的有关茶叶生产、销售的新闻节目和专题节目。

(2) 访问法。事先拟定调查项目或问题以某种方式向被调查者提出，并要求给予答复，由此获得被调查者或消费者的动机、意向、态度等方面信息。主要有面谈调查、电话调查、邮寄调查、日记调查和留置调查等形式。

(3) 观察法。由调查人员直接或通过仪器在现场观察调查对象的行为动态并加以记录而获取信息的一种方法。有直接观察和测量观察。

(4) 试验法。试验法是指在控制的条件下对所研究现象的一个或多个因素进行操纵，以测定这些因素之间的关系。如包装试验、价格试验、广告试验、新产品销售试验等。

3. 市场调研资料的整理与分析

市场调研后，要对收集到的资料数据进行整理和分析，使之系统化、合理化和简单化。

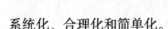

(1) 市场调研资料整理与分析的过程。第一，要把收集的数据分类，如按时间、地点、质量、数量等方式分类；第二，对资料进行编校，如对资料进行鉴别与筛选，包括检查、改错等；第三，对资料进行整理，进行统计分析，列成表格或图式；第四，从总体中抽取样本来推算总体的调查带来的误差。

(2) 市场调研数据的调整。在收集的数据中，由于非正常因素的影响，往往会导致某些数据出现偏差。对于这些由于偶然因素造成的、不能说明正常规律的数据，应当进行适当地调整和技术性处理。主要有剔除法、还原法、拉平法等。

(3) 应用调研信息资料的若干技巧。市场调研获得信息后，就要进行利用。下面介绍利用市场调研信息进行经营活动的一些技巧。

①反向思维：就是按事物发展常规程序的相反方向进行思考，寻找利于自己发展，与常规程序完全不同的路子。这一点在农产品种植销售更值得思考。农民往往是头一年那个产品销售的好，第二年种植面积就会大幅度增减，造成农产品价格大幅度下降，出现“谷贱伤农、菜贱伤农”等现象。如当季农产品供过于求时，价格低廉可将产品贮藏起来，待产品供不应求时卖出，以赚取利润。

②以变应变：就是及时把握市场需求的变动，灵活根据市场变动调整农产品种植销售策略。

③“嫁接”：就是分析不同地域的优势和消费习惯，把其中能结合的连接起来，进行巧妙“嫁接”，从中开发新产品、新市场。如特种玉米的种植，可采取特殊加工进行新产品开发和销售。

④“错位”：就是把劣势变成优势开展经营。如农产品中的反季节种植与销售。

⑤“夹缝”：就是寻找市场的空隙或冷门来开展经营。农产品生产经营易出现农户不分析市场信息，总是跟在别人后面跑，追捧所谓的热门，结果出现亏本。寻找市场空隙和冷门对生产规模不大的农产品经营者很有帮助。

⑥“绕弯”：就是用灵活策略去迎合多变的市场需求。可将农产品进行适当的加工、包装后，就有可能获得大幅度增值。

二、农产品市场需求预测

市场需求受到多种因素的影响，如消费者的人数、户数、收入高低、消费习惯、购买动机、商品价格、质量、功能、服务、社会舆论和有关政策等，其中，最主要的因素是人口、购买动机和购买力。

1. 市场需求量的估测

根据人口、购买动机和购买力这3个影响市场需求的主要因素，可以得到一个简单而实用的公式：

市场需求=人口+购买力+购买动机

2. 根据购买意图进行预测

有2种方法：直接预测和间接预测。

(1) 直接预测。主要是通过问卷调查法、访问调查法等，预测在既定条件下购买者可能的购买行为：买什么？买多少？

(2) 间接预测。主要有以下方法：一是销售人员意见调查。由企业或合作社召集销售人员共同讨论，最后提出预测结果的一种方法。二是专家意见法。邀请有关专家对市场需求及其变化进行预测的一种方法。三是试销法。把选定的产品投放到经过挑选的有代表性的小型市场范围内进行销售实验，以检验在正式销售条件下购买者的反应。另外，还有趋势预测法和相关分析法，这2种方法需要专业人员进行预测分析。

第三节 成本分析与控制

一、茶叶规模生产的成本分析

农产品成本核算是农业经济核算的组成部分，通过农产品成本核算，才能正确反映生产消耗和经营成果，寻求降低成本途径，从而有效地改善和加强经营管理，促进增产增收。通过成本核算也可以为生产经营者合理安排生产布局，调整产业结构提供经济依据。

农产品生产成本核算要点：

（1）成本核算对象。根据种植业生产特点和成本管理要求，按照“主要从细，次要从简”原则确定成本核算对象。

（2）成本核算周期。茶叶的成本核算的截至日期应算至入库或在场上能够销售。一般规定 1 年计算 1 次成本。

（3）成本核算项目。一是直接材料费。是指生产中耗用的自产或外购的种子、农药、肥料、地膜等。二是直接人工费。是指直接从事生产人员的工资、津贴、奖金、福利费等。三是机械作业费。是指生产过程中进行耕耙、播种、施肥、中耕除草、喷药、灌溉、收割等机械作业发生的费用支出。四是其他直接费。除以上 3 种费用以外的其他费用。

（4）成本核算指标。有 2 种：一是单位面积成本；二是单位产量成本，单位面积成本为常用。

二、茶叶规模生产的农业保险

农业保险是专为农业生产者在从事种植业、林业、畜牧业和渔业生产过程中，对遭受自然灾害、意外事故疫病、疾病等保险事故所造成的经济损失提供保障的一种保险。农业保险按农业种类不同分为种植业保险、养殖业保险；按危险性质分为自然灾害损失保险、病虫害损失保险、疾病死亡保险、意外事故损失保险；按保险责任范围不同，可分为基本责任险、综合责任险和一切险；按赔付办法可分为种植业损失险和收获险。

1. 茶叶生产可利用的农业保险

(1) 农作物保险。农作物保险以稻、麦、玉米等粮食作物和棉花、茶叶等经济作物为对象，以各种作物在生长期间因自然灾害或意外事故使收获量价值或生产费用遭受损失为承保责任的保险。在作物生长期间，其收获量有相当部分是取决于土壤环境和自然条件、作物对自然灾害的抗御能力、生产者的培育管理。因此，在以收获量价值作为保险标时，应留给被保险人自保一定成数，促使其精耕细作和加强作物管理。如果以生产成本为保险标的，则按照作物在不同时期、处于不同生长阶段投入的生产费用，采取定额承保。

(2) 收获期农作物保险。收获期农作物保险以粮食作物或经济作物收割后的初级农产品价值为承保对象，即是作物处于晾晒、脱粒、烘烤等初级加工阶段时的一种短期保险。

2. 农业保险的经营

农业保险是为国家的农业政策服务，为农业生产提供风险保障；农业保险的经营原则是：收支平衡，小灾略有结余丰年加快积累，以备大灾之年，实现社会效益和公司自身经济效益的统一。

政策性农业保险是国家支农惠农的政策之一，是一项长期的工作，需要建立长期有效的管理机制，公司对政策性农险长期发展提出以下几点建议：首先要有政府的高度重视和支持，坚持以政策性农业保险的方式不动摇；政策性农险的核心是政府统一组织投保、收费和大灾兜底，保险公司帮助设计风险评估和理赔机制并管理风险基金；出台相应的政策法规，做到政策性农险有法可依；各级应该加强宣传力度，使农业保险的惠农支农政策家喻户晓，以下促上；农业保险和农村保险共同发展。农村对保险的需求空间很大，而且还会逐年增加，农业保险的网络可以为广大农村提供商业保险供给，满足日益增长的农村保险需求，使资源得到充分利用；协调各职能部门关系，建立相应的机构组织，保证农业保险的顺利实施；其次各级财政部门应该对下拨的财政资金最好进行省级直接预拨，省级公司统一结算，保证资金流向明确，足额及时，保证操作依法合规；长期坚持农作物生长期保险和成本保险的策略；养殖业保险以大牲畜、集约化养殖保险为主。但不能足额承保，需给投保人留有较大的自留额，同时，要实行一定比例的绝对免赔率。

三、茶叶规模生产的资金借贷

随着农业现代化的发展，农业生产单位所需资金不断增加，发放农业贷款的机构、项目、数量也显著增加。有的国家不但商业银行、农业专业银行和信用合作组织发放，同时，政府还另设专门的农贷机构提供。贷款期限先是短期，以后又增加中期、长期。贷款项目也多种多样，如生产资料的购置，农田水利基本建设，农产品加工、贮藏、运销，以及农民家计、农村公共设施建设等等。这里主要介绍农户小额贷款。

农户小额信用贷款是指农村信用社为了提高农村信用合作社信贷服务水平，加大支农信贷投入，简化信用贷款手续，更好的发挥农村信用社在支持农民、农业和农村经济发展中的作用而开办的基于农户的信誉，在核定的额度和期限内向农户发放的不需要抵押、担保的贷款。它适用于主要从事农村土地耕作或者其他与农村经济发展有关的生产经营活动的农民、个体经营户等。

1．贷款简介

小额贷款目前可在邮储银行和农村信用社办理。具体办理情况可到当地柜台咨询。以邮储银行小额贷款为例，邮储银行小额贷款品种有农户联保贷款、农户保证贷款、商户联保贷款和商户保证贷款四种。农户贷款指向农户发放用于满足其农业种养殖或生产经营的短期贷款，由满足条件（有固定职业或稳定收入）的自然人提供保证，即农户保证贷款；也可以由3~5户同等条件的农户组成联保小组，小组成员相互承担连带保证责任，即农户联保贷款。商户贷款指向微小企业主发放的用于满足其生产经营或临时资金周转需要的短期贷款，由满足条件的自然人提供保证，即商户保证贷款；也可以由3户同等条件的微小企业主组成联保小组，小组成员相互承担连带保证责任，即商户联保贷款。

农户保证贷款和农户联保贷款单户的最高贷款额度为5万元，商户保证或联保贷款最高金额为10万元。期限以月为单位，最短为1个月，最长为12个月。还款方式有一次性还本付息法、等额本息还款法、阶段性等额本息还款法等多种方式可供选择。

2. 贷款由来

为支持农业和农村经济的发展，提高农村信用合作社信贷服务水平，增加对农户和农业生产的信贷投入，简化贷款手续。根据《中华人民共和国中国人民银行法》《中华人民共和国商业银行法》和《贷款通则》等有关法律、法规和规章的规定，农村信用社于2001年推出一种新兴的贷款品种——农户小额信用贷款。农户小额信用贷款是指农村信用社基于农户的信誉。在核定的额度和期限内向农户发放的不需抵押、担保的贷款。

3. 贷款模式

4种贷款模式及担保方式：农户小额贷款最头疼的还是担保问题。目前，主要有4种可操作模式。

第一种是“公司+农户”。由公司法人为紧密合作的农户贷款提供保证，如公司定向收购农户农产品、农户向公司购货并销售的情况。

第二种是“担保公司+农户”。由担保公司为农户提供保证担保，主要适用于农业龙头公司、经济合作社等，在他们推荐或承诺基础上，经担保公司认可，为此类农户群体提供担保。

第三种是农户之间互相担保、责任连带。一般3人及以上农户组成一个小组，一户借款，其他成员联合保证，在贷款违约对债务承担连带责任。这种方式适用于经该行认定的专业合作社，及今年该行确定的信用村范围内的社员或村民。

第四种是房地产抵押、林权质押以及自然人保证等灵活方式来解决担保问题。所谓自然人保证，即保证人要求是政府公务员、金融保险、教师、律师、电力、烟草等具有稳定收入的正式在职人员或个私企业主。

4. 贷款发放

（1）已被评为信用户的农户持本人身份证和《农户贷款证》到信用社办理贷款，填写《农户借款申请书》。

（2）信贷内勤人员认真审核《农户借款申请书》《农户贷款证》及身份证等有效证件，与《农户经济档案》进行核实。

（3）信贷内勤人员核实无误后，办理借款手续，与借款人签订《农村信用社农户信用借款合同》，交给信用社会计主管审核无误后，发放贷款。

（4）信贷内勤人员同时登记《农户贷款证》和《农户经济档案》。

（5）借款人必须在《农户借款申请书》《农村信用社农户信用借款合同》《借款借据》上签字并加按手印。

5. 贷后管理

信用社要设立《农户贷款证登记台账》，由信贷内勤负责登记。并且《农户贷款证登记台账》《农户贷款证》和《农户经济档案》三者的记载必须真实、一致。信用社对贷款要及时检查，对可能发生的风险，要及时采取措施，对已经发生的风险，要及时采取保全措施确保信贷资金安全。

第四节　产品价格与销售

一、茶叶价格变动的信息获得

1. 茶叶价格波动的规律

目前，影响价格变动的因素，主要有以下几方面。

(1) 国家经济政策。虽然国家直接管理和干预农产品价格的种类已经很少，但是国家政策，尤其是经济政策的制定与改变，都会对农产品价格产生一定的影响。

①国民经济发展速度：如果工业增长过快，农业增长相对缓慢。则造成农产品供给缺口拉大，必然引起农产品价格上涨；相反农产品增长过快，供给加大，则农产品价格下降。

②国家货币政策：国家为了调整整个国民经济的发展，经常通过调整货币政策来调控国家经济。其表现为：如果放开货币投放，使货币供给超过经济增长，货币流通超出市场商品流通的需要量，将引起货币贬值，农产品价格上涨；如果为抑制通货膨胀，国家可以采取紧缩银根的政策，控制信贷规模，提高货币存贷利率，减少市场货币流量，农产品价格就会逐渐回落。多年来，国家在货币方面的政策多次变动，都不同程度地影响农产品价格。

③国家进出口政策：国家为了发展同世界各国的友好关系，或者为了调节国内农产品的供需，经常会有农产品进出口业务的发生，如粮食、棉花、肉类等的进出口。农产品的进出口业务在我国加入 WTO 之后，对农产品的价格会带来很大影响。

④国家或地方的调控基金的使用：农产品价格不仅关系到农民的收入和农村经济的持续发展，还关系到广大消费者的基本生活，因此，国家或地方政府就要建立必要的稳定农产品价格的基

金。这部分基金如何使用，必然会影响到农产品的价格。除上述之外：还有其他一些经济政策，如产业政策、农业生产资料供应政策等，都会不同程度地影响着农产品的价格。

（2）农业生产状况。农业生产状况影响农产品价格，首先是指我国农业生产在很大程度上还受到自然灾害的影响，风调雨顺的年份，农产品丰收，价格平稳；如遇较大自然灾害时，农产品歉收，其价格就会上扬。其次，我国目前的小生产与大市场的格局，造成农业生产结构不能适应市场需求的变化，造成农产品品种上的过剩，使某些农产品价格发生波动。再次，就是农业生产所需原材料涨价，引起农产品成本发生变化而直接影响到农产品价格。

（3）市场供需。绝大部分农产品价格的放开，受到市场供需状况的影响。市场上农产品供求不平衡是经常的，因此，必然引起农产品价格随供求变化而变化。尤其当前广大农民对市场还比较陌生，其生产决策总以当年农产品行情为依据，造成某些农产品经常出现供不应求或供过于求的情况，其结果引起农产品价格发生变动。

（4）流通因素。自改革开放以来，除粮、棉、油、烟叶、茶叶、木材以外，其他农副产品都进入各地的集贸市场。因当前市场法规不健全，导致管理无序，农副产品被小商贩任意调价，同时，农产品销售渠道单一，流通不畅通，客观上影响着农产品的销售价格。

（5）媒体过度渲染。市场经济条件下，影响人们对农产品价格预期形成的因素多种多样。其中，媒体宣传可能会在人们形成对某种农产品价格一致性预期方面产生显著的影响。

从根本上来说，人们对农产品价格预期的形成，来源于自己所掌握的信息及其对信息的判断。当市场信息反复显示：某种农产品价格在不断地上涨，或者在持续地下跌，这时人们就会形成农产品价格还将上涨的预期或者还将下跌的预期。

在信息化时代，人们生活越来越离不开媒体及其信息传播。我国农产品市场一体化程度已经很高，媒体如果过度渲染，人们就会强化某种农产品价格的预期，产生的危害可能更大。媒体反复传播某地某种农产品价格上涨或者下跌，人们对价格还将上涨或者下跌的预期可能会不断增强而产生恐慌心理，采取非理性行为。

2. 茶叶价格变动信息获取

农业生产是自然再生产与经济再生产相交织的过程，存在着自然与市场（价格）的双重风险。随着我国经济的发展，农民收入波动在整体上已经基本摆脱自然因素的影响，而主要受制于市场价格的不确定性。价格风险对农民来说，轻则收入减少，削弱发展基础；重则投资难以收回，来年生产只得靠借债度日。农产品价格风险主要源于市场供求变化和政府政策变动的影响。因此，对农民进行价格和政策的信息传播，使农民充分了解信息，及时调整生产策略和规避风险，显得尤为重要。要实现这一目的，首先要回答在信息多样化、传播渠道多元化的环境下，农民获取信息的渠道是什么？

（1）传统渠道。根据山东省、山西省和陕西省827户农户信息获取渠道的调查数据的分析结果表明，无论是获取政策等政府信息，还是获取市场信息，农民获取的渠道主要是电视、朋友和村领导，信息渠道结构表现为高度集中化、单一化。在获取政策等政府信息时，有74.4%的农民首选的渠道是电视，其次是村领导和朋友，分别为55%和38.4%。在获取市场信息时，有56.6%的农民首选的渠道是朋友，其次才是电视和村领导，分别为49.3%和19.4%。农村中的其他传媒如报纸、广播、互联网等的作用微乎其微。

（2）信息化时代渠道。近年来，国家和省级开始建立农业信息发布制度，规范发布标准和时间，农业信息发布和服务逐步走向制度化、规范化。农业部初步形成以“一网、一台、一报、一刊、一校”（即中国农业信息网、中国农业影视中心、农民日报社、中国农村杂志社和中央农业广播电视学校）等“五个一”为主体的信息发布窗口。多数省份着手制定信息发布的规章制度，对信息发布进行规范，并与电视、广播、报刊等新闻媒体合作，建立固定的信息发布窗口。这也成为农民获取农产品价格信息的主要渠道。

①通过互联网络获得信息：农业部已建成具有较强技术支持和服务功能的信息网络（中国农业信息网），该网络布设基层信息采集点8 000多个，建立覆盖600多个农产品生产县的价格采集系统，建有280多个大型农产品批发市场的价格即时发布系统，拥有2.5万个注册用户的农村供求信息联播系统，每天发布各类农产品供求信息300多条，日点击量1.5万次以上。农业部全年定期分析发布的信息由2001年的255类扩大到285类。全国29个省（市、区）、1/2的地市和1/5的县建成农业信息服务平台，互联网络的信息服务功能日益强大。例如，江苏省丰台中华果都网面向种养大户、农民经纪人发展网员2 000名，采取“网上发信息、网下做交易”的形式开展农产品销售，2年实现网上销售3.5亿元。此外，如农产品价格信息网（www.3w3n.com）、中国价格信息网（www.chinapyice.gov.cn）、中国农产品交易网（www.aptc.cn）、新农网（www.xinnong.com）、心欣农产品服务平台（www.xinxinjiage.com）、中国经济网实时农产品价格平台（www.ce.cn/cycs/ncp）、金农网（www.agvi.com.cn）、中国惠农网（www.cnhnb.com）、中国企业信息在线网（www.nvx-xzx.com）等，也是农民获取小麦价格信息的渠道。

②通过有关部门与电视台合作开办的栏目获得信息：一些地方结合现阶段农村计算机拥有率低，而电视普及率较高的实际，发挥农业部门技术优势、电视部门网络优势和农业网站信息资源

优势，实施农技“电波入户”工程，提高农技服务水平和信息入户率。

③通过有关部门开办电话热线获得信息：有的地方把农民急需的新优良种、市场供求、价格等信息汇集起来并建成专家决策库，转换成语音信息，通过语音提示电话或专家坐台咨询等方式为农户服务。

④通过“农信通”等手机短信获得信息：借鉴股票机的成功经验，在农村利用网络信息与手机、寻呼机相结合开展信息服务，仍有一定的开发空间。河南省农业厅、联通河南分公司、中国农网联袂推出“农信通”项目信息服务终端每天可接受2万余字农业科技、市场、文化生活信息，并可通过电话与互联网形成互动，及时发布农产品销售信息，专业大户依据需求还可点播、定制个性化信息。

⑤通过乡村信息服务站获得信息：一些地方通过建设信息人乡进村服务站，既向农民提供市场价格、技术等信息服务，又提供种苗、农用物资等配套服务，实现信息服务和物资服务的结合。

⑥通过中介组织获得信息：中介服务组织依托农业网站发布信息，既发挥网络快捷、信息量大的优势，又发挥中介组织经验丰富、客户群体集中的长处，成为今后农村信息服务的重要形式。

⑦通过“农民之家”获得信息：“农民之家”主要依托农业技术部门在县城内开设信息、技术咨询门市部，设立专业服务柜台及专家咨询台，并开通热线电话，实现农技服务由机关式向窗口式转变。

二、茶叶规模生产的销售策略

1. 专业市场销售

专业市场销售，即通过建立影响力大、辐射能力强的农产品专业批发市场，来集中销售农产品。一是政府开办的农产品批发市场，由地方政府和国家商务部共同出资参照国外经验建立起来的农产品专业批发市场，如郑州小麦批发市场。二是自发形成的农产品批发市场，一般是在城乡集贸市场基础上发展起来的，如山东寿光蔬菜批发市场。三是产地批发市场，是指在农产品产地形成的批发市场，一般生产的区位优势和比较效益明显，如山东金乡的大蒜批发市场。四是销地批发市场，是指在农产品销售地，农产品营销组织将集货再经批发环节，销往本地市场和零售商，以满足当地消费者需求，如郑州万邦国际果品物流城。

专业市场销售以其具有的诸多优势越来越受到各地的重视具体而言，专业市场销售集中、销量大，对于分散性和季节性强的农产品而言，这种销售方式无疑是一个很好的选择。对信息反应快．为及时、集中分析、处理市场信息，作出正确决策提供了条件。能够在一定程度上实现快速、集中运输，妥善储藏，加工及保鲜。解决农产品生产的分散性、地区性、季节性和农产品消费集中性、全国性、常年性的矛盾。

2. 产地市场

是指农产品在生产当地进行交易的买卖场所，又称农产品初级市场。农产品在产地市场聚集后，通过集散市场（批发环节）进入终点市场（城市零售环节）。我国的农村集镇大多数是农产品的产地市场。产地市场大多数是在农村集贸市场基础上发展起来的。但产地市场存在交易规模小，市场辐射面小，产品销售区域也小，不能从根本上解决农产品卖难、流通不畅的社会问题，需要政府出面开办农产品产地批发市场。

3. 农业会展

农业会展以农产品、农产品加工、花卉园艺、农业生产资料以及农业新成果新技术为主要内容，主要包括有关农业和农村发展的各种主题论坛、研讨会和各种类型的博览会、交易会、招商会等活动，具有各种要素空间分布的高聚集型、投入产出的高效益型、经济高关联性等特点，是促进消费者了解地方特色农产品和农业对外交流与合作的现代化平台。如中国国际绿色食品博览会等。农业会展经济源于农产品市场交换，随着市场经济的发展而日益繁荣，是农业市场经济和会展业发展到一定阶段的产物。农民朋友可利用各种展会渠道，根据自身需要，积极参加农业会展，推介自己特色农产品。

4. 销售公司销售

销售公司销售，即通过区域性农产品销售公司，先从农户手中收购产品，然后外销农户和公司之间的关系可以由契约界定，也可以是单纯的买卖关系。这种销售方式在一定程度上解决了“小农户”与“大市场”之间的矛盾。农户可以专心搞好生产，销售公司则专职从事销售，销售公司能够集中精力做好销售工作，对市场信息进行有效分析、预测。销售公司具有集中农产品的能力，这就使得对农产品进行保鲜和加工等增值服务成为可能，为农村产业化的发展打下良好基础。

5. 专业合作组织销售

合作组织销售，即通过综合性或区域性的社区合作组织。如流通联合体、贩运合作社、专业协会等合作组织销售农产品。购销合作组织为农民销售农产品，一般不采取买断再销售的方式，而是主要采取委托销售的方式。所需费用，通过提取佣金和手续费解决。购销合作组织和农民之间是利益均摊和风险共担的关系，这种销售渠道既有利于解决“小农户”和“大市场”之间的矛盾，又有利于减小风险。购销组织也能够把分散的农产品集中起来，为农产品的再加工、实现增值提供可能，为产业化发展打下基础。目前，流行的“农超对接”的最基本模式就是“超市+农民专业合作社”模式。专业合作社和超市是“农超对接”的主体，专业合作社同当地的农民合作，来帮助超市采购产品。正是由于专业合作社和大型超市的发展才使得“农民直采”的采购模式得以发展。

除此之外，“农超对接”还有以下几种模式：一是“超市+基地/自有农场”模式。是指大型连锁超市走到地头去直接和农产品的专业合作社对接，建立农产品直接采购基地，实现大型连锁超市与鲜活农产品产地的农民或专业合作社产销对接。二是“超市+龙头企业+小型合作社+大型消费单位/社区”模式。这种模式的一个重要中介是龙头企业，农民合作社一方面组织农户进行规模化、标准化生产；另一方面积极联络龙头企业，通过龙头企业对农产品进行加工、包装，把农产品的生产销售企业化，然后通过大型超市最终把产品流通到消费者手中。如可通过这种模式与高校食堂、大型饭店、宾馆进行合作。三是“基地+配送中心+社区便利店”模式。这种模式主要面对距离大型连锁超市比较远的消费者，以连锁社区便利店为主导，通过建立农产品的配送中心，与农产品的生产基地或者和当地的农民合作社直接对接。

6. 农户直接销售

农户直接销售，即农产品生产农户通过自家人力、物力把农产品销往周边地区。这种方式作为其他销售方式的有效补充，这种模式销售灵活，农户可以根据本地区销售情况和周边地区市场行情，自行组织销售。农民获得的利益大。农户自行销售避免了经纪人、中间商、零售商的盘剥，能使农民朋友获得实实在在的利益。

参考文献

龚自明，郑鹏程．2010．茶叶加工技术［M］．武汉：湖北科学技术出版社．

林素彬．2014．茶叶种植基本技能［M］．北京：中国劳动社会保障出版社．

刘新，等．2008．茶厂制茶工培训教材［M］．北京：金盾出版社．

姚美芹．2015．茶树栽培技术［M］．昆明：云南大学出版社．

中国农科院茶叶研究所．1996．茶树栽培与茶叶加工实用技术［M］．北京：农村读物出版社．

邹彬，吕晓滨．2014．优质茶叶生产新技术［M］．石家庄：河北科学技术出版社．